U0289424

杂草的奇迹

雑草のふしぎ
面白すぎて時間を忘れる

〔日〕稲垣荣洋 著

陈江 译

万卷出版有限责任公司
VOLUMES PUBLISHING COMPANY

著作权合同登记号：06-2024 年第 86 号

图书在版编目（CIP）数据

杂草的奇迹 /（日）稻垣荣洋著；陈江译. -- 沈阳：
万卷出版有限责任公司，2025. 2. -- ISBN 978-7-5470
-6667-6

Ⅰ. Q94-49

中国国家版本馆CIP数据核字第2024YF3941号

OMOSHIROSUGITE JIKAN WO WASURERU ZASSO NO FUSHIGI by Hidehiro Inagaki
Copyrigh © Hidehiro Inagaki 2023
All rights reserved.
Original Japanese edition published by Mikasa-Shobo Publishers Co., Ltd., Tokyo.
This Simplified Chinese edition published by arrangement with
Mikasa-Shobo Publishers Co., Ltd., Tokyo in care of Tuttle-Mori Agency, Inc., Tokyo
through China Copyright Service Ltd., Beijing.

本书中文简体版专有出版权经由中华版权服务有限公司授予【万卷出版有限责任公司】。

出 品 人：王维良
出版发行：万卷出版有限责任公司
　　　　　（地址：沈阳市和平区十一纬路 29 号　邮编：110003）
印 刷 者：辽宁新华印务有限公司
经 销 者：全国新华书店
幅面尺寸：130mm×185mm
字　　数：130 千字
印　　张：7.5
出版时间：2025 年 2 月第 1 版
印刷时间：2025 年 2 月第 1 次印刷
责任编辑：王　越
责任校对：张　莹
封面设计：tent
ISBN 978-7-5470-6667-6
定　　价：48.00 元
联系电话：024-23284090
传　　真：024-23284448

前言

一本让你对杂草刮目相看的小书

我在附近散步时，曾经有个疑问，为什么杂草无人浇水，却依然生长得这么旺盛？

在院子里除草时，我也有过不解，怎么不管拔了多少次，杂草还是除不尽？

杂草是一类神奇的植物。

它们生长在路边、公园、田地等人类活动频繁的地方，经常要面对许多"不可预测的变化"——

随时可能被踩上一脚，拔掉几根，或是冷不防洒下除草剂来，甚至惨遭除草机的屠戮。

乍看之下，这样的生存环境简直恶劣到了极点，但杂草却能从容应对，并且抓住一切可利用的条件，成功赢得生存竞争。

对杂草而言，"不可预测的变化"绝不是危机，反而是良机。

当今的社会充满了不确定性，未来变幻莫测。不确定性往往催生恐惧，变化则使人焦虑。

但是，杂草竟然将这些"危机"化为"良机"，成功存活了下来。

无论环境多么恶劣，杂草都不会轻易放弃，这种不惧逆境，始终奋力寻求生机的精神，就是"杂草精神"。杂草精神告诉我们：只要全力以赴，拼搏奋进，就总能攻克难关。

然而，杂草的生长环境极其复杂艰险，并不是单靠努力或殊死一搏就能获得生机。在杂草的成功背后，必然隐藏着某种"奥秘"。

本书想要探讨的，就是杂草的生存秘诀。

日本的"植物学之父"牧野富太郎博士曾说过："每一株杂草都有自己的名字。"他注意到杂草的优点，著述了《杂草研究及其利用》一书。牧野富太郎本人常年在条件艰苦的野外生活，堪称杂草精神的代表人物。

　　或许有人会觉得，杂草不过是一种不起眼的、随处可见的草，但事实并非如此。

　　前文也说过，对植物而言，杂草的生长环境极为严酷，不是所有植物都能如杂草一般，在那样的环境中存活下来。

　　平日里，我们不经意间看见的杂草，都是经过了残酷的生存竞争，最终胜出的成功者。

　　阅读本书，一定会让你对身边的那些杂草刮目相看，并且不再对"变幻莫测的未来"感到莫名的焦虑，而是从中发现"通往成功的良机"。

　　容我再重复一次。

　　对杂草而言，"不可预测的变化"绝不是危机，反而是良机。

接下来，就让我们一起进入这个乐趣非凡、引人入胜的杂草故事。

稻垣荣洋

目录

第二章

蜜汁和鲜花背后的秘密
——一切都是为了"驱使昆虫传播花粉"

严选"好帮手"

巧用"笨虫"

第三章

通往"新天地"的漫漫征程
——无法移动的杂草是如何传播种子的

第四章

"聪明草"永远抢先一步

——身边那些巧妙伪装的杂草们

第五章

"奇招"层出不穷的杂草们
——成为"独一无二"

第一章

杂草从不随意生长

—— 『无声的生存斗争』背后

适者生存

——升马唐（禾本科）

有一种"斗草"游戏，是把草茎交缠，再各自用力拉扯，未折断的胜出，折断的就算输。

斗草中较为常用的杂草，是升马唐和牛筋草，通常这两种草都各斗各的，没什么交手的机会，可二者谁更厉害一点呢？

日语中管升马唐叫"雌日芝"，牛筋草叫"雄日芝"，一雌一雄，对照鲜明。但其实升马唐和牛筋草是两种完全不同的植物，只因为升马唐给人的印象带有女性的柔美，而牛筋草却像男性一样坚韧，所以才取了这样的名字。

斗草的时候，牛筋草的胜算更大。牛筋草又叫"力草"，其茎外侧包覆着一层硬皮，即使是人力也很难将其折断。

而升马唐的茎却一折就断了。

但是，如果说升马唐最大的生存优势，就在于它的"弱点"呢？

一折就断的草茎有什么生存优势？

升马唐一折就断，这种脆弱的特性有什么优势？

比如，拖拉机在田地里耕地翻土，对杂草来说，这无疑是一场毁灭性的打击。在拖拉机的利刃之下，连升马唐也无法幸免，茎体往往会被硬生生切断。

但这正是升马唐的求生策略。细细观察升马唐

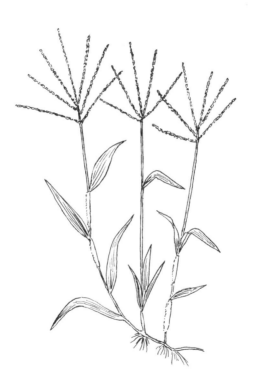

升马唐

的草茎就会发现，上面茎节遍布，这些茎节上又会生出新的根或芽，而每切断一次，等于增加一条断茎，断茎再落地生根，一次次的耕作活动反而让升马唐不断繁衍。

用镰刀除草时，升马唐照样毫无招架之力，可如果放着砍下的断草不管，它们很快会死灰复燃。而且，无论清除得多么彻底，总有根茎碎片散落地面，并再次生长出来。

田地里常常要耕地除草，并不适合杂草生存，所以，能在田地里存活下去的杂草寥寥无几，无一不是经过残酷的生存斗争，艰难幸存下来的杂草"精英"。

牛筋草在斗草时所向披靡，却无法成为田间的一株杂草。虽然在田地周围还能见到，但若是田地里耕作频繁，它就存活不了了。

牛筋草硬挺着茎叶，显得神气十足，但面对翻土犁地的破坏却不堪一击；虽然它的根紧紧抓着地面，难以拔起，但一旦被镰刀割断根部，也会被轻易除去。与升马唐相比，牛筋草竟脆弱得多。

但是，牛筋草也有"牛"的地方。它的草茎坚韧，十分耐踩踏。运动场的地面往往被踩踏得寸草不生，牛筋草却能紧紧抓牢地面顽强生长。

所以说，升马唐和牛筋草各有各的生存优势。

决定植物生存优势的"三要素"

不只杂草，所有植物的生存优势都包括三个要素。

第一是**"竞争优势"**。植物之间对光和水的争夺极为激烈，只有具备竞争优势，才能获得更好的生存条件。森林深处那些枝繁叶茂的大树，无疑是竞争中的大赢家。

竞争优势几乎可以等同于植物的生存优势，但实际上还有其他优势，即第二：**"耐力优势"**。

比如，生长在干旱沙漠中的植物就无须与其他植物竞争，它们需要的，是在干旱中苦熬的耐力。

第三是**"适应优势"**。有些植物生长的环境极为动荡，耕地翻土，踩踏刀砍，什么时候会发生什么灾难，根本无法预知。在这样的环境中生存，需要的既不是竞争优势，也不是耐力优势，而是适应优势。比如杂草，便是最具适应优势的植物。

不过，如果具体到细分种类的杂草上，其实每种杂草具备的优势也不尽相同。

升马唐在翻土除草中成功存活并繁殖，是一种具备适应优势的杂草，而耐受踩踏的牛筋草则明显更具耐力优势。

另外，如果生长环境的外来破坏较少，变化较小，那么杂草的生存最需要的自然就是竞争优势了。

如果仔细观察，你或许会发现，杂草的种类随环境的不同往往有所变化，尽管在普遍的印象里，杂草似乎随处可见，但实际上它们大多只在能发挥自身优势的地方生长。

那么问题来了——
你的"优势"是什么呢？

升马唐的启示

找到能够发挥自身"优势"的环境。

不走寻常路

三角形是图形的最小单位，边数最少，四角形或六角形都可以由多个三角形组合而成。

由于三角形的边数最少，结构最为精简，因此在截面积相同的情况下，三角形能够承受的外力最大。许多工程设计便借鉴了这一原理。例如，自行车架、铁桥以及呈东京塔形状的桁架等，都是三角形组合的典范。

人们通常以为植物的茎体都是圆柱形的，但其实也有三角形的，如具芒碎米莎草。具芒碎米莎草的茎摸起来有棱有角，掰断一看，截面就是三角形的。

具芒碎米莎草拥有结实的三角茎，极具生存优势，但奇怪的是，既然三角茎的优点这么突出，照理说，其他植物也应该进化成三角茎才对——

可为什么许多植物却是圆茎呢？

具芒碎米莎草的茎极为坚硬，一层坚硬的表皮结结实实地包覆在三角茎外侧。

然而，三角茎也有其缺点。圆茎因为从中心到外缘的距离是相等的，因此只需要一定的压力，就可以将水分均匀地输送到茎体各处的细胞。而三角茎由于从中心到外缘各点的距离不等长，导致水分难以均匀地输送到每个角落的细胞。

或许正因为如此，具芒碎米莎草的许多近缘植物大多分布在水分充足的湿润地带。

不过，三角茎无法均等输送水分应该不是什么太大的问题，在干燥的路旁或田间，具芒碎米莎草也能生长。而且，如果湿润地带可以解决这个问题的话，那所有湿地植物岂不都是三角茎了吗？

为什么非要长成"三角茎"？

三角茎的优势明显，这是毫无疑问的，可那又怎么样呢？无论再怎么结实，只要破坏力够大，也一样会折断。

而截面呈圆形的茎则可以朝任意方向发生弯曲，另外，茎体柔软还能分散并化解外界的压力。**扛得住巨大的压力是一种优势，不与压力正面冲突而免受破坏也是一种本事。**

这就是许多植物没有选择三角茎的重要原因。

那么，具芒碎米莎草失败了吗？答案显然是否定的。具芒碎米莎草的同类植物众多，遍布世界各地，而且生长环境十分多样，除了湿地之外，在干

具芒碎米莎草

燥的土地或城市里也有分布。具芒碎米莎草不会开出艳丽的花朵，极不起眼，却默默地在生存竞争中存活了下来。

杂草们在能够发挥各自优势的"合适环境"中茁壮生长着。

三角茎或许会败给巨大的破坏力，但一般的外力却很难折断它，比起圆茎，适合三角茎生长的环境一定更多。

三角茎的优势不只是结实，还在于"与其他植物不同"。与众不同，意味着更多的可能，在纷繁复杂的生存挑战中，无疑更具优势。

具芒碎米莎草的启示

找到自己的"特点"并坚持下去。

全力"趴地生长"

——斑地锦草（大戟科）

　　杂草常给人一种印象，无论被践踏多少次，都会重新挺直茎秆，永不屈服。因此才有人提倡要"学习杂草精神，奋力拼搏"，或者激励自己，"像杂草一样坚强"，百折不挠。

　　但真实的杂草并不是这样的。

　　杂草被践踏过后，就趴下了。如果只是被踩上一脚，或许还会再次挺起，但多踩几次，它就起不来了。

　　"一踩就趴下"——才是杂草应对外来压力的

常规做法。

你或许会感到失望，甚至觉得所谓的杂草精神充满了讽刺意味。

但是，其实杂草的强大之处正在于此。

一踩就趴下的杂草为什么强大？

话说回来，为什么非得挺直茎秆不可呢？对杂草而言，最重要的是什么？

当然是**开花播种**。既然如此，遭踩踏后反复挺直茎秆，无异于白费功夫。与其把能量花费在那些无谓的事情上，还不如在被踩踏之后努力开花，设法播种。

因此，杂草不会白费功夫去挺直茎秆的。那些经常遭踩踏的杂草，为了减少踩踏造成的伤害，会选择伏贴地面生长。或许它们看似是被踩趴下了，但其实并非如此。

许多杂草在叶片被踩踏后，会受到植物荷尔蒙的影响，茎秆不再向上生长，而是转向横向发展。这是因为若继续向上生长，茎秆容易在踩踏下发生弯折或折断；而横向生长则能让茎秆始终伏贴地面，减少被踩倒或折断的风险。

而后，杂草再拼尽全部的能量，去开花，去播撒种子。毕竟茎秆挺得再直，种子传播不出去，便毫无意义。

相比于踩踏过后坚决不趴下，非要再次挺直茎秆，现实中杂草的应对方式更加合理，并且在某种意义上，也顽强坚韧得多。

不是只有"向上生长"才算本事

在常遭踩踏的地方，最常见的杂草就是斑地锦草。而在那些踩踏较少的地方，斑地锦草也会向上生长，但如果踩踏得多，它便索性早早放弃向上的路径，转而将叶片紧贴地面，横向延伸开来。

但是，几乎所有植物都在竭力向上生长，在普遍的认知中，植物似乎就该是向上生长的，而斑地锦草却选择了伏在地面，这样会不会对生长不利呢？

植物之所以向上生长，是为了获取阳光，进行光合作用，否则便无法存活。为此，叶片要尽可能往高了长，以免遭到遮挡。植物们竞相向上抽发茎秆，便是这个缘故。

但斑地锦草却不然。

斑地锦草多长在常遭踩踏的地方，踩踏得多了，植物自然稀少，即使有，一长高便会被踩折。在这样的地方，斑地锦草周遭少有高过它的植物，因此无论如何紧贴地面，都能沐浴到充足的阳光。

❧ 将花与蜜的成本降到最低

那斑地锦草的花呢？

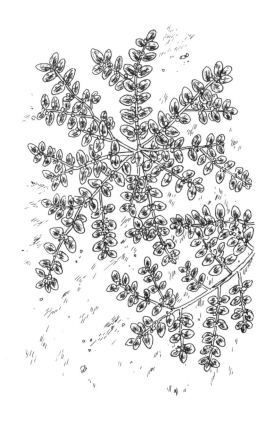

斑地锦草

通常，花朵的位置越高，越容易被蜜蜂或虻虫找到，传播花粉也更顺利，但斑地锦草的花却开在地面，这又是怎么回事呢？

其实，为斑地锦草传播花粉的，并不是蜜蜂或虻虫，而是在地面活动的蚂蚁。

勤劳的蚂蚁沿着斑地锦草那贴地延伸的茎秆爬行，采过蜜后，顺便带走沾在嘴角上的花粉。因为蚂蚁只要闻到蜜味儿，就会聚拢过来，所以无须像吸引蜜蜂或虻虫那样，让花朵开得老大；蚂蚁个头小，开些小花便足够了，所需的花蜜量也少，如此便将成本降到了最低。

传播种子的好帮手

斑地锦草的花授粉之后，又是如何传播种子的呢？

植物传播种子有许多方式，要么随风飘飞，要么自然掉落。无论哪种方式，似乎都是位于高处的种子去得更远。斑地锦草的种子是自然掉落的，照理说，它的种子应该长得越高越好。

但是，斑地锦草有一个帮忙播种的好帮手。

是的，还是蚂蚁。斑地锦草的种子表面附有蜜糖，蚂蚁一旦发现，便会带去蚁穴，把蜜糖吃掉，种子丢在穴外。通过蚂蚁的帮助，斑地锦草的种子得以顺利传播到远方。

斑地锦草就是这样坚持贴地生长，并且想方设法地努力适应地面环境。能有如此坚定的求生意志和周密的布置，趴在地面的生长方式似乎也没那么糟糕了。

在衡量植物生长发育水平的指标中，有两项是**"植物高度"**和**"植物长度"**。听起来差不多，其实意思略有不同。

植物高度是指地面至植物茎秆尖端的"高度"，而植物长度指的是植物根部至茎秆尖端的

"长度"。

意思似乎也差不多。的确，对于那些向上生长的植物来说，植物高度和植物长度是完全一样的。

但对斑地锦草来说，差别可就大了。

斑地锦草以横向生长为主，无论它的植物长度如何增加，其高度几乎不会有任何变化。

"植物都是向上生长的。"

"只有比其他植物长得更高，才能更好地生长。"

这是植物世界的常识，但斑地锦草对此却毫不在意。因为它知道，要想长得好，关键在于因地施策，而非一味长高。

斑地锦草的启示

实事求是地思考问题，不要一味向上看，也可以考虑"横向发展"。

长在柏油路的
缝隙里也不赖

——漆姑草（石竹科）

在柏油路的缝隙里，杂草开了些小花。

或许有人会同情它，在这种地方发芽开花，怪可怜的。再联想到努力拼搏的自己，感伤的心情不免泛上心头。

但是，柏油路缝隙里的杂草，真的很可怜吗？

对杂草而言，长在柏油路的缝隙，其实并没有那么糟糕。

长在柏油路的缝隙里有什么好？

柏油路缝隙里的杂草很难拔。它们的根深深扎在路面底下，即使用力也只能揪断几片叶子，根本无法连根拔除。

如果茎叶冒出路面，捏着茎叶倒也能连带地整株拔掉，但那些长在柏油路缝隙里的小杂草，零星一点，揪都揪不住，实在让人束手无策。但话说回来，那么小的杂草，毫不起眼，大概也没人想去拔吧！

几株杂草如果长在一起，小杂草的生存条件通常会比大的差一些。植物进行光合作用需要充足的阳光，只有长得比周围的植物高，才能避免光线被遮挡。

但是，**长在柏油路缝隙里的杂草，近旁是没有植物与其竞争的**。就算茎秆大部分隐匿在柏油路的缝隙里，依然能独享充足的阳光。

植物之间对于阳光的争夺极为激烈，单是无须参与争夺这一点，生存压力就能减轻不少。

不只如此，柏油路缝隙里的泥土水分不易蒸发，加上落在路面的雨水也会流进路缝，植物所必需的水分少有缺乏的时候。

对杂草而言，柏油路的缝隙相当舒适，是个不赖的住所，因此，路缝里其实生长着许多种杂草。

多严酷的环境都不在话下

其中适应能力最出色的，就数**漆姑草**了。

在日语中，漆姑草与人们所熟知的四叶幸运草，即白车轴草同音异形，常常造成混淆，但其实二者全然不同。

在日本，白车轴草被称作"白诘草"，日语的诘字有"装入""填入"之意，因为白车轴草的叶片柔软，江户时期曾用于玻璃制品装箱时的包装材料，由此而得名。

漆姑草也被称作"爪草"，因为它的叶片细窄，形状像猛禽的爪子。漆姑草的叶片不仅细长且厚实，能有效减少水分流失，具有较强的耐旱能力。因此，它不仅能在柏油路缝隙中生存，还能在几乎没有土壤的道旁地砖接缝处顽强地生长。时常有人看到道旁地砖接缝处隐隐一抹绿色，误以为是生了青苔，细看之下才发现，原来是漆姑草。

尽管长得像青苔，但漆姑草却是石竹科植物，它有几个同为石竹科，且为人熟知的亲戚，比如康乃馨和瞿麦。另外，满天星也属于石竹科。

在植物学对漆姑草的专业定义中，通常描述其植物长度大约在二十厘米，但如果不是长在柏油路的缝隙里，漆姑草还能长得更高。只是柏油路的缝隙或者道旁地砖接缝可容纳的空间极小，它才把自己收缩到不足一厘米的微小形态。

植物可以改变体形尺寸以适应环境，比如有些

漆姑草

树本可长成大树，但成了盆栽以后，便不再继续长大了。**在这方面，杂草堪称佼佼者。**

但还不止如此。杂草的强大之处还在于，就算长在柏油路的缝隙或道旁地砖接缝处，照样能开出花来。

只要细看地砖接缝处的杂草便会发现，上头必定开着花，至少也窝着花蕾，或者结了籽。

而杂草之外的其他植物，一旦生存条件恶化，生长便可能陷入停滞，体型变小，但因为生长停滞，所以并无余力开花。

漆姑草这类杂草却不同，无论体型多么微小，照样能开花结籽。

开花结籽，繁衍后代，是植物终生的使命。无论处于何种境地，身形缩得多小，漆姑草都不曾忘记，对自己而言，什么才是最重要的。

漆姑草的启示

思考"对自己而言，什么才是最重要的"。

让最强悍的昆虫
为自己保驾护航

——窄叶野豌豆（豆科）

植物通常把蜜汁藏在花中，以此来引诱蜜蜂。

不过，也有植物是从花以外的部位分泌蜜汁的，比如窄叶野豌豆。这种杂草花朵紫红，形似豌豆，蜜腺分布于叶根处，它的目标不是蜜蜂，而是蚂蚁。

窄叶野豌豆为什么要吸引蚂蚁呢？

蚂蚁为获取甘甜的蜜汁，便会向窄叶野豌豆聚拢而来。

对蚂蚁来说，窄叶野豌豆是宝贵的食物供应地，为保护自己的食物，它们势必要将其他试图接近的昆虫赶走。

虽然蚂蚁看似毫不起眼，但其实是昆虫中最为强悍的，一旦群起而攻之，任何昆虫都招架不住。蚂蚁将自己的食物看守得固若金汤，窄叶野豌豆也得以免受害虫的侵扰。

靠着甘甜的蜜汁，窄叶野豌豆成功驯服蚂蚁，为自己保驾护航。

顺带一提，有一种杂草，经常和窄叶野豌豆长在一起，叫小巢菜，开的是淡紫色的花，它没有蜜腺，只是体内装备有抗菌物质或除虫物质，以此来保护自己。

极为相似的两种草，防卫策略却截然不同。

话扯远了。如上所说，窄叶野豌豆巧借蜜腺，成功诱惑蚂蚁给自己当守卫，只是有一件怪事。

明明已有蚂蚁守卫，窄叶野豌豆上却仍能看见害虫。

蚜虫，一种对植物有害的虫子，时常群聚在窄叶野豌豆上。为什么会这样呢？

♣ "聚集蚜虫"也是一种生存策略

这是因为，蚜虫成功策反了窄叶野豌豆的保镖——蚂蚁。

蚜虫从屁股喷出蜜汁，吸引蚂蚁，而蚂蚁为了这一口吃的，竟甘愿充当蚜虫的保镖，为其驱赶敌虫。

那些吃蚜虫的敌虫对窄叶野豌豆来说算是益虫，但蚂蚁一概不管，统统将其驱逐，完全被蚜虫收买了。

蚜虫在日语中别名"蚁牧"，就像人类牧牛一

窄叶野豌豆

样，蚂蚁也受到了蚜虫的圈养，担任蚜虫的保镖。

蚜虫会吸取窄叶野豌豆的汁水，是一种害虫。细究起来，蚜虫喷出的蜜汁，源头还是在窄叶野豌豆身上，这岂不是搬起石头砸自己的脚吗？

但是，最新的研究表明，**让蚜虫群聚在自己身边，也可能是窄叶野豌豆的一种生存策略**。杂草的求生智慧之奥妙可见一斑。

为什么要让害虫栖息在自己身上呢？

该研究尚在进行中，结论还不明确。但是，蚜虫似乎不全是对窄叶野豌豆有害的，有一部分其实是无害的。试想一下，如果无害的蚜虫大量聚集，把空间占满，有害的蚜虫不就被摒弃在外了吗？

这会是真的吗？

如果窄叶野豌豆为求生存，甚至利用了自己的敌人蚜虫，那么它的计策可说是相当高明了。

窄叶野豌豆的启示

不妨给点"好处"，请人帮忙。

专栏

放低姿态是自卫的第一要义

严寒的冬季，是杂草的一道难关。那杂草们是如何过冬的呢？

寒风肆虐的冬日，人们大多缩成一团，身子前倾着顶风行走，这样的姿态可以缩减表面积，尽可能减少与外部寒冷气流的接触。在体积相同的情况下，球体的表面积最小，因此，蜷缩成球形能够有效减小暴露的表面积。

反之，如果天气好，暖洋洋的，那么只要伸展开手脚，全身就都能沐浴在阳光下了。

我们人类可以依照天气冷热改变身体姿态，植物却无法那么自如。并且，植物们在冬天虽然**不愿吹风受冻，但对阳光却又极度渴望**。

☼ 有什么办法可以同时满足这两个要求呢？

　　仔细观察冬天的地面，时常会发现杂草们统统收缩了茎秆，叶片堆叠其上，呈放射状展开，紧紧

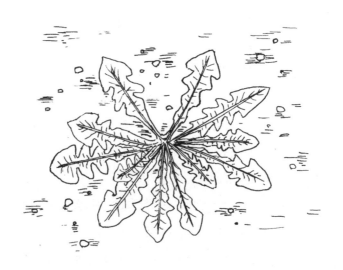

贴伏着地面。

这便是杂草过冬的一种典型姿态。从上方看去，像极了一个玫瑰形饰物，因此这种姿态也被称为**"玫瑰花结"**。

☼ **为什么许多植物都以"玫瑰花结"的姿态过冬？**

玫瑰花结姿态的优点很多。

收缩茎秆，让叶片贴近暖和的地面，只留下叶片表面与外部的寒气接触。令人意外的是，冬天的地面其实比空气还要更暖和一些，而且，展开的叶片也有利于光合作用的顺利进行。

因此，玫瑰花结姿态能极为有效地帮助植物过冬。

菊科的蒲公英，十字花科的荠菜——也就是人们所熟知的鸡心菜，俗称月见草的柳叶菜科的待宵草等，这些一旦开花便全无相似之处的各类杂草，过冬时清一色都呈玫瑰花结姿态。

呈现玫瑰花结姿态之后，由于形态相似，植物的种类便难以凭外观区分了。这些植物在经过多番试错以后，各自进化，却殊途同归，最终都给出了同样的答案：玫瑰花结姿态。

诸如排球或棒球等球类竞技，以及相扑或柔道等格斗竞技，在防守时，都是放低腰身的。同样，在枪战时，一律都得俯身弯腰。

☼ **放低姿态，是自卫的第一要义。**

对植物而言，这种玫瑰花结姿态不仅能抵御寒冷，还能有效减缓踩踏带来的伤害。因此，不仅冬天，在酷暑的夏季，或干旱时节，许多杂草也会呈玫瑰花结姿态。至于那些生长环境常遭踩踏或面对除草机器的杂草，靠玫瑰花结姿态来渡过难关的就更多了。

但是，玫瑰花结姿态的功能其实并非防卫，而是进攻。这又是怎么回事呢？

试想一下。

为什么非得在寒冷的冬天张开叶片呢？

在严寒季节，如果退去茎叶，只保留种子在温暖的泥土中冬眠，风险无疑更小。况且，蛇和青蛙也都窝在土里睡着呢，安心待在土里等春天来临，不就好了？

可玫瑰花结姿态的植物却在寒冬里张开了叶片，通过这种方式持续进行光合作用，产出养分。

当然，玫瑰花结姿态的植物并不会伸展茎干不断长大，**光合作用所得的养分都输送给了地底下的根部。**

春天很快就来了，到时，其他植物会从种子里抽出嫩芽，而以玫瑰花结姿态越冬的植物呢？

它们会调动储藏于地底下的养分，一鼓作气伸长茎秆，抢在其他植物前头，绽放出花朵来。

"冬天来了，春天还会远吗？"四季轮转，生生不息，**植物以玫瑰花结姿态越冬，就是为迎接即将到来的春天做准备。**

照这么看，对那些以玫瑰花结姿态越冬的植物来说，冬天并不算讨厌，也不是只有艰难的苦熬。正因为到了冬天，其他植物大都已陷入沉睡，竞争不像平时那么激烈，玫瑰花结姿态才能发挥最大的效用。从这个角度来看，对于那些以玫瑰花结姿态越冬的植物来说，冬天并非令人憎恶的季节，也不仅限于苦苦的煎熬。正是因为冬天大多数植物都已进入休眠期，竞争不再像平时那样激烈，玫瑰花结姿态才能发挥出最大的作用。

玫瑰花结绝不是一种防卫姿态，而是为了积蓄力量，以备来日奋起。

第二章　蜜汁和鲜花背后的秘密

——一切都是为了『驱使昆虫传播花粉』

严选"好帮手"

——宝盖草（唇形科）

有一种春天开粉色花的杂草，叫宝盖草。

在日本，宝盖草是"春七草[①]"之一，但是，在植物学的严格定义中，这种草名为稻槎菜，属菊科，而真正的宝盖草则是唇形科植物，常见于日本小学的生活科或理科教科书。

宝盖草会分泌大量蜜汁，引诱昆虫趋近采

---

① 日本在每年正月初七有煮食七草粥的民俗，以祈求全年无病无灾。七草是七种野菜，宝盖草便是其中之一。——译注

蜜，顺便沾上花粉带走。摘下它的花朵，在根处一吸，便能尝出甜味儿来，听说孩子们在放学回家的路上，也会去采摘路旁的宝盖草来吃。

如何让不请自来的昆虫知难而退？

宝盖草的传粉工作还有两个必须攻克的难关。

一是"**甄别虫子**"。

靠近花朵采蜜的昆虫种类繁多，各有不同的作用，其中最为重要的当数蜜蜂。蜜蜂体力充沛，能将花粉带到远处。如果蜂群规模较大，一只工蜂采集的蜜不仅足够自己所需，还要承担更多的工作量。蜜蜂在花间穿梭飞舞的同时，也顺便传播了花粉。

蜜蜂的优点还不止这些。与其他昆虫相比，蜜蜂更聪明，能够区分花的种类，而这正是植物们求之不得的。

昆虫在花丛中飞来飞去，但如果这些花的种

类不同，对植物来说是毫无意义的。将宝盖草的花粉带到蒲公英上是无法结出种子的，反之，将紫罗兰的花粉送到宝盖草那里，也同样无法成功繁衍后代。

蜜蜂能做到只在同类花之间来去，这是宝盖草求之不得的。

蜜蜂懂得辨别花类，因此所选的花大都蜜汁充沛，宝盖草便投其所好，分泌大量蜜汁，恭迎蜜蜂的光临。

但是，问题来了——原本为蜜蜂准备的蜜，却也可能把其他昆虫吸引过来。

分泌蜜汁消耗颇大，十分珍贵，如果能做到只供给蜜蜂，无疑是最理想的。

如何才能只为蜜蜂供蜜？

这个问题应该不难回答，只需对昆虫们进行

"能力测试"即可。

我们人类就常常通过考试选拔人才：上学有入学考试，就业有求职面试，运动员也有选拔考试。在职场中，有时考试的形式未必正式，比如，也可在闲聊、聚餐中，评估是否应与对方合作，或者寻求帮助。

蜜蜂是一种聪明的昆虫，因此，可行的办法是：设置一个难度较高的测试，通过者便可收获所有的蜜汁。

只需"横向开花"……

宝盖草的花是横着开的，上方的花瓣把整朵花都遮盖住了，但底下的花瓣却圆且平坦。这样的结构就是一种测试，它在暗示昆虫们，可以停在底下的花瓣上，这样便能钻进横着开的花心里。

虻虫和苍蝇之类的昆虫理解不了这个暗示，

宝盖草

只会停在宝盖草花朵的上方，它们爬来爬去，却怎么也找不到花心的入口，很快就死心飞走了。

单凭一招"横向开花"，便能让其他昆虫知难而退。

但测试还未结束。要采到花蜜，钻进入口以后，还需经过一段细长的通道，才能到达花心，并且再撤回。

蜜蜂恰好对这样的路径轻车熟路。因为，不仅宝盖草，许多植物为了设置关卡，只让蜜蜂进入，花朵的形态结构都进化得十分相似，而蜜蜂也变得越来越能适应这样的结构，从而顺利采得花蜜。

花与蜜蜂都进化了。

如此一来，宝盖草便可只为蜜蜂供蜜。

但是，问题还没有彻底解决。

宝盖草会为蜜蜂准备好充足的蜜汁，但如果

蜜汁过多，蜜蜂便可能赖着不走了。

蜜蜂只有在花与花之间飞来飞去，植物才能完成授粉，因此，在吸引蜜蜂来采过蜜后，就得让它们尽快离开，飞向下一朵花。

如何才能让蜜蜂采完蜜就赶快离开呢？

这个问题不好回答。

花朵与蜜蜂的关系还有许多未解之谜，但是，相关研究表明，宝盖草分泌的蜜汁量并不固定。

孩子们在吸花蜜时常常发现，有些花中的蜜并不多。花蜜的多少因花而异，因此蜜蜂可能会猜测，"旁边的花或许有更多的蜜"，于是便会转而寻找新的目标。

宝盖草计策的高明之处，便在于蜜量不定，故布疑阵，以此扰乱蜜蜂的判断。

就算找到一朵多蜜的花，蜜蜂也可能猜测

"旁边的花没准儿蜜还更多些"，越是聪明的蜜蜂，越会在不同的花之间飞来飞去，多加尝试。

这种计策之所以能够奏效，便是利用了蜜蜂的聪明。

花朵与蜜蜂的关系还有一个奇妙之处。

蜜蜂采完宝盖草的蜜，下一个目标往往还是宝盖草，并且连带着帮忙传授了花粉。但是，对蜜蜂而言，又不是哪朵花不能去，又没有人逼着它非得专挑宝盖草的花。

可为什么蜜蜂却只在宝盖草之间飞来飞去，传授花粉呢？

要采到宝盖草的花蜜，需要通过相应的测试，因此，只要找到同类花，便能经由同一路径获得花蜜。就像入学考试时，如果遇到熟悉的往年真题，解答起来自然得心应手。

当然，那些希望蜜蜂为自己传播花粉的植物，花朵结构大都类似，也就是说，蜜蜂面对的考题是类似的。但是，解答其他花的类似问题，却未必能获得同样充足的蜜汁，而选择自己轻车熟路、蜜汁相对充足的宝盖草花，显然要保险得多。

基于这样的原因，蜜蜂才总是在同类花之间飞来飞去，这是一种聪明的做法。

也正因为蜜蜂很聪明，宝盖草的计策才能奏效。当然，蜜蜂并没有损失什么，它们获得了充足的蜜汁，满载而归，即使知道自己中计，想必也不会就此停手，不再流连于宝盖草之间。二者归根结底，是互惠共赢的关系。

宝盖草的身子动不了，无力自行传播花粉，但是无妨，找聪明的蜜蜂合作就好了。

宝盖草的启示

要找"聪明的"合作伙伴。

巧用"笨虫"

——芥菜（十字花科）

在宝盖草一节我们介绍过，蜜蜂是一种聪明的昆虫，能够识别花的种类，只在同类花之间停留。

这对那些希望昆虫为自己传播花粉的植物来说，无疑是求之不得。

但是，要吸引蜜蜂，就必须准备充足的蜜汁，成本不菲；加上其他花也一样会以蜜汁引诱蜜蜂，竞争相当激烈。如果不能在竞争中胜出，一切就都白忙活了。

蜜蜂虽然很优秀，但把希望全寄托在蜜蜂身上，风险未免太大。那么，该选谁合作呢？

有一种理想的昆虫，好用又实惠，它就是虻虫。

虻虫中最为人熟知的，或许是体型较大的吸血牛虻。但在体型较小的虻虫中，也有不少和蜜蜂一样，经常光顾花丛。

虻虫能采到花蜜的机会不多。为了确保只有蜜蜂能够采蜜，花儿的结构形态设计得相当复杂，使得虻虫很难接近花蜜。

其实，虻虫之所以光顾花丛，是受了花粉的引诱，而不是蜜汁。因此，比起为吸引蜜蜂而必须分泌蜜汁，只牺牲一些花粉作诱饵，成本显然低得多。

但是，还有一个大难题。

聪明的蜜蜂能够识别花的种类，只在同类花之间来去，这样植物才能顺利授粉，结出种子。

但虻虫却做不到这点，不管什么花，飞到哪里算哪里。这种情况并不是植物想看见的，不能把花粉带去同类花那里，就无法完成授粉育种。

如何才能让虻虫只在同类花之间来去？

其实，虻虫还有一个缺点。宝盖草一节中曾介绍过，蜜蜂擅长远途飞行，而虻虫的飞行能力却逊色许多。

荠菜既是遍地生长的一种杂草，也是十字花科植物的一种。这类植物的花朵都有四片花瓣，形状较为简单，以便吸引没那么聪明的虻虫。另外，以虻虫为授粉媒介的植物都具备类似的形态特征，即**"群聚开放"**。

飞行能力差的虻虫是如何传播花粉的？

如果聚在一起，开成一片，那么无论虻虫

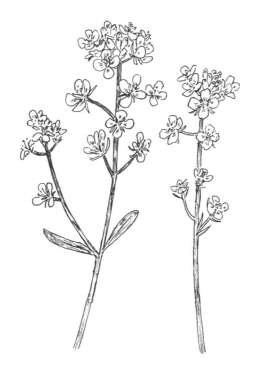

荠菜

飞去哪里，也只是在同类的花间转悠。虻虫不擅飞行，本就去不到远处，加之附近已有成群的花朵，就更不会舍近求远了。

在十字花科植物中，有些是在人类的培育下，开出成片的花田，如油菜花。荠菜虽只是野生的杂草，却也同样能群聚开放，汇成花海。

虻虫的确不像蜜蜂那么聪明，但是，只要因材施策，照样能派上大用场。

荠菜的启示

思考如何有效利用"对方的缺点"。

避免陷入红海竞争

——日本蒲公英（菊科）

蒲公英是通过蚜虫授粉的，一到春天便会开成一片。

也许有人觉得奇怪，不是也有单独生长，而非成片开放的蒲公英吗？其实，成片开放的蒲公英和单独开放的蒲公英种类不同，后者属于西洋蒲公英。

日本原生的蒲公英被称为**日本蒲公英**，直到明治时期以后，**西洋蒲公英**才从海外传入日本。

日本蒲公英以虻虫为媒介授粉，而西洋蒲公英无须依赖昆虫，单株便能完成育种，即自花授粉，因此往往独自生长。

二者的区别还不止如此。日本蒲公英只在春天开放，而西洋蒲公英则不论季节，全年都能开花，育种次数也多。

日本蒲公英只在春天开花，需依赖昆虫授粉；西洋蒲公英则全年开花，自花授粉，二者孰优孰劣呢？

如果仅比较上述内容，西洋蒲公英无须依赖昆虫，自己就能育种，并且全年开花，似乎优势更大，但其实并不尽然，而这也正是自然界的妙趣所在。

试比较一下二者的种子。

西洋蒲公英每朵花产生的种子数量比日本蒲公英更多，并且这些种子更小、更轻，能够随风飞得更远。

日本蒲公英的种子数量少，体型大，移动距离短；而西洋蒲公英的种子数量多，体型小，移动距离长，二者孰优孰劣？

单看种子的这些特征，似乎西洋蒲公英更胜一筹，但其实未必。

为什么这么说？日本蒲公英有一项西洋蒲公英所不具备的优点：**一到夏季，叶片便会萎谢**。

为什么"夏天枯萎"会成为优点呢？

靠"夏眠"避开无把握的竞争

日本蒲公英自古便在日本境内生长，因此完全适应了日本的自然条件。

日本夏季高温多湿，即使是原本寸草不生的空地，也会很快长出成片茂盛的杂草。在那些高大繁茂的草丛中，娇小的蒲公英根本无法进行光合作用。全年开花的西洋蒲公英到了夏季，仍然强行开花，却因无力竞争，往往难以存活。

日本蒲公英则通过自行让叶片萎谢，只保留根茎，安然度过了其他植物旺盛生长的夏季。就像人们把蛇与青蛙在泥土中过冬称为"冬眠"，日本蒲公英在泥土中过夏则被称为"夏眠"。

到了秋天，茂盛了一整个夏天的杂草们开始凋谢，日本蒲公英这才重新伸展叶片，等熬过冬天，来年春天再开出花来。

因此，**在其他植物生长繁茂，竞争激烈的地方，只在春天开花的日本蒲公英反而更具生存优势。**

而**西洋蒲公英更适合生长在其他植物难以存活的地方**，比如城市道路边缘，毕竟它自己独株便能育种。并且，没有其他植物的干扰，它可以一年到头尽情地开花结籽。

另外，在城市道路的边缘处，可供植物生长的土壤较少，要找到利于种子存活的地方并不容

日本蒲公英

易，因此，西洋蒲公英才不得不通过大量育种和广泛传播来增加生存机会。

日本蒲公英却不同，它生长在自然环境优越的地方，比起把种子送去远处，不如就近传播，反而更易存活。再者，在日本蒲公英周围，其他植物也可能落种发芽，争夺养分，因此，种子越大，在竞争中的胜算就越大。

通常，产出种子的数量越多，尺寸越小；反之，大尺寸的种子往往数量较少。

日本蒲公英选择了产出大尺寸的种子，而西洋蒲公英则选择了小尺寸的种子。

如今，西洋蒲公英的势力范围不断扩大，日本蒲公英的数量却日益减少。这看似是西洋蒲公英在日益壮大，挤压了日本蒲公英的生存空间，但其实不然。

日本蒲公英和西洋蒲公英各自适合生长的环

境并不相同。日本蒲公英适合生长在自然环境优越的地方，西洋蒲公英正相反，多生长在自然环境恶劣的地方。

西洋蒲公英增多而日本蒲公英减少，只能说明日本的自然环境正在不断恶化。

"在寒冬蓄力的植物"所拥有的特权

"不争而胜"，便是日本蒲公英的生存智慧。

日本的植物大多在春天抽芽，夏天繁茂，秋天枯萎。日本蒲公英巧妙地安然度过了其他植物旺盛生长的夏季，而在百草凋零的冬季，日本蒲公英仍张着叶片，进行光合作用，积蓄营养，直到春天，万物尚未复苏，其他植物还较为弱小之际，它则一鼓作气，尽情绽放花朵。

其实，日本蒲公英之所以选择蚜虫充当合作

伙伴，就是这个缘故。虻虫能够在低温的季节里活动，比蜜蜂耐寒，早早就开始在寒冷中振翅而飞了。

并且，虻虫还有一种特性：**偏爱黄色的花**。于是，早春开花的植物便投虻虫所好，开出黄色的花，成片成片地汇成花海。

许多早春开花的植物都会尽力避免与其他植物竞争，因此常常被视为"弱小的植物"。日本蒲公英也一样，并不擅长竞争。

这些弱小的植物总是抢在其他植物前头，先一步开花，它们都有一个共同之处：会在冬天展开叶子，积蓄养分。

整个冬天，这些植物的叶片始终保持舒展，直到寒意散尽时，它们才会奋力绽放花朵，向人们宣告春天的来临。

因此，只有在严冬的苦寒中做好充分准备，积蓄力量，才能在春天尽情开花，抢先一步授粉育种，从而成功繁衍后代。

日本蒲公英的启示

把握合适时机，摆脱残酷竞争。

别有玄机的鲜蓝色

——鸭跖草（鸭跖草科）

虻虫自早春便开始活跃起来，且偏爱黄色的花，因此，那些希望虻虫为自己传播花粉的植物，几乎都在早春开出成片成片黄色的花海。

鸭跖草也以虻虫为授粉媒介，但它的花却是鲜艳的蓝色，花季也与众不同，开放在夏季的早晨，与其他同样以虻虫为授粉媒介的植物形成了鲜明的对比。

鸭跖草的这些习性并非刻意地标新立异，而

是经过了极其合理周密的自然安排。

鸭跖草的雄蕊呈黄色，因为黄色的互补色是蓝色，所以，**若以蓝色花瓣为背景，便会把黄色雄蕊衬托得格外显眼**，对于钟爱黄色花的蚜虫就更是如此了。

鸭跖草在夏季晨间开花也是别有深意的。

春天吸引蚜虫的花太多了，鸭跖草面临的竞争过于激烈。而一到夏季，花儿就少了，因为夏季暑热难当，蜜蜂或蚜虫等昆虫的活动变得迟钝，此时开花得不偿失。不过，蜜蜂或蚜虫并没有彻底蛰伏，在晨间清凉的时段依然会出来活动，因此鸭跖草才只在夏季晨间开花。

但还有一个匪夷所思的地方。

其他花以黄色花瓣引诱蚜虫，鸭跖草则是以蓝色花瓣直接凸显黄色雄蕊。

要知道，花粉通常都在雄蕊上。试想一下，

不同于那些分泌蜜汁驱使蜜蜂传粉的植物，以虻虫为授粉媒介的植物牺牲了宝贵的花粉以吸引虻虫帮忙传粉。然而，一旦虻虫吃了太多的花粉，可能导致花粉被吃光殆尽，最终无法完成授粉，也无法结出种子。

为什么鸭跖草甘愿冒险也要凸显黄色的雄蕊呢？

其实，亮眼的黄色雄蕊只是一个诱饵，目的是吸引虻虫。

虻虫奔着看似美味的黄色雄蕊，兴冲冲地飞了过来，然而，黄色雄蕊中并没有花粉。于是虻虫忙着钻进花内探寻，不知不觉间浑身已沾满了花粉。其实，在花心处的黄色雄蕊前边，还有另一支雄蕊，虻虫一把脑袋伸进花心，肚皮和屁股就会沾上那支雄蕊的花粉。

等虻虫反应过来自己中计，也已经迟了，浑

身都沾上了花粉。

但故事并未就此结束。

中计的虻虫很快就会找到黄色雄蕊的花粉，大快朵颐起来。然而，那支带花粉的雄蕊只有少量的花粉，其实也不过是个诱饵罢了。

鸭跖草的花朵前方还有两支储藏有充足花粉的雄蕊，它们的颜色暗淡，并不起眼。虻虫在享受这些诱人的雄蕊时，屁股上又沾满了大量花粉。

鸭跖草的雌蕊和那支花粉充足的雄蕊一样，位于花朵前方，因此，虻虫在光顾下一朵花时，屁股上的花粉自然就授给了雌蕊。

多么精妙的授粉手法！

自花授粉——次优选

然而，故事还远未结束。

鸭跖草

在炎热的夏季，出来活动的昆虫很少。即使鸭跖草的手法如此巧妙，准备如此充足，却仍可能等不来虻虫，那时它该怎么办呢？

到花朵将谢之时，鸭跖草自花心突出的雄蕊和雌蕊便逐渐向内弯曲，两支雄蕊的花粉自然附着到了雌蕊上，用自己的花粉为自己授粉，完成自体繁殖。

能和别的花杂交自然再好不过，但如果育不出种子，那么一切就都白费了。把希望全寄托在虻虫身上，无疑要承受巨大的风险，因此，鸭跖草还给自己准备了一个次优选择，以确保育种成功。

异花授粉和自花授粉各有优缺点，但是为了避免发生意外，选择自然越多越好。

不把鸡蛋全放在一个篮子里，直到最后的最后，都还给自己留有后路，这便是杂草的生存智慧。

鸭跖草的启示

考虑周全，直到最后都要留一手。

巧妙应对"耕种时节不定的风险"

——看麦娘（禾本科）

　　自花授粉是让自己的花粉附着在自己的雌蕊上，完成自体繁殖，但是这种繁殖方式可能导致后代的遗传基因弱化，出现"自体繁殖弱势"，因此，植物总是想方设法地尽量避免自体繁殖。（在第94页我们将对此展开详细说明。）

　　但即使如此，有些杂草仍然会选择自体繁殖，这是为什么呢？

　　因为，自体繁殖也有许多优点，其中最重要

的，便是可以**确保育种成功**。

能和别的花杂交自然再好不过，可要是等不来昆虫帮忙传粉，育种势必无法完成。但如果授粉只需将自己的花粉附着在自己的雌蕊上，那么育种失败的风险就小得多了。

再者，**成本较低**也是一大优势。自花授粉只需少量花粉便可实现，并且，因为无所谓昆虫来或不来，所以无须把能量耗费在凸显花瓣，或者分泌蜜汁上，节约下来的能量还可以用于培育更多的种子。

自体繁殖的优点不少，可是，导致自体繁殖弱势的风险仍然存在，那么杂草是如何应对的呢？

面对严酷的生存环境，杂草通过不断进化，才得以存活至今。

要么等不来昆虫，要么受到同类植物的孤立而无法异花授粉，当意外层出不穷，杂草在迫不得已之下，便只能选择自体繁殖。

自体繁殖得多了，自然就会发生自体繁殖弱势现象。在某些情况下，致死基因累积到一定程度，种子发育的植物胚胎便无法正常生长，但即使如此，有些杂草仍会坚持自体繁殖。

这是因为在反复自体繁殖的过程中，那些出现自体繁殖弱势，或者致死基因过量的种子自然就被淘汰进而消亡了，留下的便是少数能够正常生长繁衍的种子。久而久之，能成功自体繁殖的杂草也就越来越多了。

尤其是在城市里，不仅昆虫少，同类杂草也少，许多杂草都会选择自体繁殖。

不过，即使优点如此突出，还是有许多植物不会选择自体繁殖。究其原因，主要是**害怕后代丧失多样性**。

只有组成群体的个体特征足够多样，在面对剧烈变化的环境时，整个群体才能够灵活应对，求得一线生机。对野生植物而言，多样性至关重要，因此，许多植物甘愿冒险，不惜痛下血本，也要通过异体繁殖来繁衍后代。

异体繁殖和自体繁殖双管齐下，多样手段渡过难关

自体繁殖虽然能让杂草在短期内存活下来，但长远来看，风险还是相当大。

能够自体繁殖，是杂草有别于其他植物的巨大优势，但仅靠自体繁殖却无法让种群长久生存下去。因此，许多杂草便双管齐下，异体繁殖和自体繁殖同步进行。

看麦娘便是一种巧妙利用多样手段进行繁殖的杂草。

看麦娘有两种：春天插秧前生长在水田里的和从春天到初夏生长在旱地里的。

无论水田旱地，都会进行"耕种"活动，这

看麦娘

也导致杂草的生存环境极为动荡。但是，水田耕作、灌溉的时节是固定的，就像冬去春来一样，是有规律，能够预测的变化。

旱地则不然。不同的栽种作物，耕种时节和管理方法也多种多样，杂草无法预知人类的耕作计划，时常要面对不可预测的变化，也就是说，旱地里的杂草身处的环境更加恶劣。

自体繁殖能确保留存后代，花费成本也低，短期内优势巨大；异体繁殖成功的不确定性大，成本高，可从长远来看，却能够保持植物的多样性，增强竞争优势。

那么，在变幻莫测的旱地里，看麦娘会选择异体繁殖，还是自体繁殖呢？

实际上，水田里的看麦娘多为自体繁殖，而旱地里的看麦娘则大都是异体繁殖。

为了应对不可预测的变化，保持多样性至关

重要，因此，看麦娘不惜成本，也会优先选择异体繁殖。

看麦娘的启示

眼光放长远，保持多样性。

隐而不现，
默默求生的闭锁花

——戟叶蓼（蓼科）

在人们看不见的地底下，植物的生长活动依然进行得如火如荼。

有些看麦娘在地底下布满根须；有些则将茎秆向下延伸，长出地下茎；还有些结出球根或薯类果实；甚至有些看麦娘会在地底下开花。

地底下"看不见的花"是什么？

如前文介绍，许多杂草经过不断进化，既能

异花授粉，也能自花授粉，并且，部分杂草通过这两种繁殖方式产出的花还有所区别。

比如紫罗兰，春天时，蜜蜂等昆虫较为活跃，它便开出我们所熟知的紫色花，吸引昆虫帮自己完成异花授粉。

但是，当夏日临近，气温渐升，蜜蜂们不耐炎热，行动迟钝，紫罗兰也就不开紫花了，只保留花蕾，并以此进行自体繁殖，自行完成授粉，这种特殊的花朵形态又称为"闭锁花"。

闭锁花无须吸引昆虫，因此通体皆绿，很不起眼，少有人能注意到。就这样，紫罗兰默默地开着闭锁花，成功留存了后代。

虫儿等不来，花儿地下开

既然等不来昆虫，那不如把花开在地底下好了，有些杂草便是照这个思路进化的，例如开在水边的戟叶蓼。

戟叶蓼最为人所熟知的，是它那惹人注目的粉色花。之所以开这种花，为的就是吸引昆虫，完成异体繁殖。

除此之外，戟叶蓼还会在地下开出闭锁花。既然无所谓昆虫来不来，那么开在地底下也没有什么问题。但是，为什么非要把自体繁殖的花和异体繁殖的花分开，特意开在地下，而非地面呢？

究其原因，大概是为了保护珍贵的种子免受地上害虫的侵扰。可如此一来，培育在地下的种子，也就不能像其他种子那样，传播到远处去了。

其实，也大可不必担心这个问题。自体繁殖产生的种子在性质上与亲本植物相似，直接在亲本植物附近发芽生长往往是最理想的选择，所以，在土中育种，不让种子落到远处，会更加稳妥可靠。

而异体繁殖出来的种子，性质和亲本植物并

戟叶蓼

不全然相同，更能适应新的陌生环境，因此，戟叶蓼长在地上的种子大都落入水中，然后流向远方了。

依照自体繁殖和异体繁殖的种子各自的优劣势，戟叶蓼的育种策略也有所不同，真正做到了**"因材施策"**。

戟叶蓼的启示

注重因材施策。

夜间开花背后的
深谋远虑

——待宵草（柳叶菜科）

待宵草，一种夜间开花的杂草，因夜晚来临以后花才开放而得名。

待宵草又名月见草，尽管植物学上定义的月见草其实是另一种植物，但人们习惯了把待宵草称作月见草。

德语中把待宵草称为"Nacht Gras"，意为"夜晚的蜡烛"，顾名思义，待宵草的花就像一星火光，闪耀在黑夜之中。

但奇怪的是，为什么它要在夜里开花呢？

夜间开花有什么好处呢？

夜晚，万物皆已沉睡。那些传播花粉的蜜蜂或虻虫等只在日间活动，因此，许多花都是在白天开花的。

正因为日间活动的昆虫多，开的花也多，各花之间围绕昆虫的竞争极为激烈。为了避免激烈的竞争，待宵草这才选择在竞争对手较少的夜间开花。

吸引天蛾的妖异色香

夜间活动的昆虫虽少，但开花的也少，因此竞争压力小得多。

待宵草传播花粉靠的是一种名为天蛾的昆虫，夜间漆黑一片，要吸引天蛾，待宵草免不了多费些功夫。

待宵草

待宵草的花是荧光黄色的，即使在暗处也很显眼。儿童用的伞、自行车的反光带之所以多为黄色，也是这个缘故。

可显眼归显眼，夜间的视野仍然很差，因此，除了美丽的花色，待宵草还散发出浓烈的香气，以此来吸引天蛾。

不过，还有一个需要解决的问题。

天蛾吸食花蜜时不会停落在花上，而是悬停在空中。它们的口器像吸管一样细长，远距离也能接触到花蜜。但如此一来，要让天蛾沾上花粉就没那么容易了。

于是，待宵草把雄蕊或雌蕊伸得老长，蕊上的花粉还用花丝连成串，天蛾只要沾上一粒，成串的花粉都会随之被带走。

和歌有云："人迹罕至独行处，别有生路向花山。"

夜间开花同样也是有意义的。

随大流未必都好，很多时候，正因不走寻常路，方能另辟一片天地。

"人迹罕至独行处，别有生路向花山。"——自与众不同处找出路。

为什么要坚持雌雄分体？

　　世界上没有什么理所当然的事情。许多事情，虽然大人们习以为常，不以为意，但在小孩子眼中，却可能神奇极了。与孩子们一起探索这些神奇的现象，也是一种很有趣的体验。

　　"人为什么能活着？"

　　"宇宙有多大？"

　　小孩子的问题虽然看似天真，却往往触及了世界的真理。有些问题甚至连现代科学也未必能解释清楚。只是成年人的生活中缺少了那份好奇心，因此对这些问题不再关注。

我曾听过一个广播节目，节目中常安排专家通过电话与孩子们连线，回答他们的问题。有一次，一个男孩提出了这样一个问题：

"世上为什么会有男孩子和女孩子呢？"

如果是你，会怎么回答呢？

☼ 世上为什么会有男孩子和女孩子呢？

那位专家老师学识渊博，再艰深的知识也总能回答得简明易懂，可听到这个问题后，他似乎犯了难。

他费尽口舌，努力讲解了一通"X染色体和Y染色体"，可年幼的孩子自然听不明白。

其实专家可能误解了，以为男孩子问的是"HOW（如何）"，即男性和女性是如何形成的，这个问题的确可以通过X染色体和Y染色体来解释。

但男孩子真正想问的是"WHY（为何）"，

人为什么会有男女之分呢？这种性别区分有什么意义呢？

为什么人有男有女，生物有雄有雌呢？那位专家显然没想过这个问题。

磕磕绊绊聊了好一会儿，最后，广播里的主持人姐姐对那个男孩子这么说道：

"你觉得只和男孩子一起玩，还是男孩子和女孩子一起玩更有趣呢？"

"男孩子和女孩子一起玩更有趣……"

"是吧，所以才会有男孩子和女孩子呀！"

听主持人姐姐这么说，男孩子雀跃地大声应了一声"嗯！"便挂断了电话。

这位主持人小姐的回答简直精辟，一语中的。相较于全是男孩子，男女混合的多样性更美好，世界也因此变得更加丰富，更加"有趣"。

纵观生物进化的历程，生物最早期的形态，不过是反复进行单一分裂的单细胞生物而已，毫无多样性可言。要增加多样性，基因交换是必不可少的。

交换基因可以不挑对象，随机进行，但如果彼此类型相似，那交换就失去了意义。因此，生物才逐渐分化成雌雄两种，人类便有了男女之分。

但奇怪的是，人类的男女是相对独立的个体，而许多植物的花却兼具雌雄双蕊。

这是为什么呢？

☼ 为什么植物会雌雄同体呢？

其实，在动物界也存在兼具雌雄两种特征的生物，比如蜗牛和蚯蚓，它们同时具有雄性生殖器和雌性生殖器，即雌雄同体。

为什么蜗牛和蚯蚓的身体会是雌雄同体这种奇妙的形态呢？

蜗牛行动迟缓，活动范围小，公蜗牛和母蜗牛少有机会能碰上，蜗牛迫于无奈，便进化出雌雄两套生殖器，只要遇到其他同类，无论性别，都能与其交配产子。

栖息在泥土中的蚯蚓同样活动范围有限，所以才进化得和蜗牛一样，雌雄同体。

☀ 需要传粉的雄蕊和需要受粉的雌蕊

植物又如何呢？

植物完全动不了，比蚯蚓和蜗牛的活动范围还要小。相隔较远的植物之间无法直接接触，只能通过昆虫来传递花粉。如果植物也分雄雌，那么从雄花带走花粉的昆虫万一下一站去的还是雄花，授粉便无法完成；反之，昆虫如果总在雌花之间来去，也就没有花粉可传授了。

在这种情况下，同时拥有雄蕊和雌蕊的花显然更具优势，昆虫只要光顾一次，便能同时满足雄蕊的传粉需求和雌蕊的受粉需求。因此，植物才会进化出雌雄同体，即雄蕊和雌蕊都在一朵花中。

可奇怪的是，也有一些植物像动物一样，分化出了独立的雄性个体和雌性个体。比如一种名为虎杖的杂草，它既有只开雄花的雄性植株，也有只开雌花的雌性植株。

☀ 为什么虎杖不是雌雄同体呢？

许多植物的花都既有雄蕊，也有雌蕊。

毕竟，雌雄同体的花无须和其他花交换花粉，也能把自己的花粉授给自己的雌蕊，完成受精育种。

但这种做法的风险较大，生物之所以有雌雄之分，为的就是提高多样性。把自己的花粉授给自己的雌蕊，只能生出和自己极为相似的后代。

不只如此，亲本植物的弱点也会遗传给后

代，比如，容易染上某种疾病，那么一旦该疾病蔓延开来，遗传基因相同的后代便会全军覆没。

☼ 植物是如何避免因遗传基因相似导致后代弱小的？

自花授粉很容易因遗传基因相似导致后代越来越弱小，出现**"自体繁殖弱势"**，人类之所以禁止近亲结婚，也是这个缘故。

雌雄同体的植物为避免自花授粉，进化出了许多招数。

比如，许多植物的花，雌蕊都比雄蕊长。如果雄蕊更长，雄蕊上的花粉便很容易掉到雌蕊上，因此雌蕊才会长得更长些。

另外，有的植物的雄蕊和雌蕊成熟期不一致。如果雄蕊先成熟，而雌蕊还没有受精能力，即使花粉落在雌蕊上，种子也无法形成；反之，如果雌蕊先成熟，在雄蕊产出花粉的时候，雌蕊已经结束受精了。因此，通过错开成熟期，便可成功避免自花授粉。

再者，还有一些植物，一旦花粉落在雌蕊上，雌蕊末梢便会分泌一种物质，攻击花粉，阻碍受精，这种现象即"自交不亲和性"。

植物为避免自花授粉，采取了各种措施，但费了这么多功夫，却仍然可能失败。

与其如此大费周章，最终还是落得一场空，不如索性把雄株和雌株直接分开，这便是虎杖的生存策略。

况且，虎杖还会向地下延伸根茎，形成新的分株，好不容易和相邻的植株交换了花粉，结果双方的根茎在地下相连，本就是一体。因此，虎杖才会进化得和动物一样，能明确区分雄株和雌株，以免发生混淆。

选择雌雄同体，还是雌雄分体，不同植物的考量各不相同。

虎杖

杂草的每一个选择都不是理所当然的。世界上的一切现象，都有其深层的成因。

第三章

通往『新天地』的漫漫征程

——无法移动的杂草是如何传播种子的

"越踩越活"的黏着体质

——车前草（车前草科）

有些植物会分泌一种黏性物质，即"种子黏液"。种子黏液的作用很多，比如：在植物发芽之后，保持根部湿润，以免种子缺水枯死；让种子黏着在土里，防止被大风刮走。

在沙漠地带，因为雨水稀缺，所以这种黏液十分有利于植物的生存，但是在日本这样雨水丰沛的地区，就没有什么用武之地了。而且，种子黏液并非凭空产生，少不了一定的能量消耗，就投入产出的收益而言，在雨水丰沛的地区，分泌黏液无异于白费功夫，得不偿失。有多余的能量分泌黏液，还不如多产出几颗种子。

因此，沙漠干燥地带的植物普遍会分泌种子黏液，而日本的植物则较为少见。但是，有一种名为车前草的杂草，虽然自古以来就生长在日本，却也会分泌黏液。

为什么车前草会分泌看似无用的种子黏液呢？

车前草多生长在常遭人类踩踏的地方。每每下雨濡湿地面，车前草的种子便开始渗出黏液，当人从上面经过时，免不了将种子粘在鞋底带走。

蒲公英的种子靠风传播，车前草的种子则由人带走，传至远处，粘在鞋底的种子也大都落脚在常遭踩踏的地方，就这样，车前草在人迹熙攘的道路上日益繁衍，渐渐扩散开来。

车前草的种子还有粘在车胎上被带走的。在未铺修过的土路上，时常能见到车前草就长在车辙上，一路延伸到远方。

车前草的学名是拉丁语Plantago，意为"跟着脚底走"，而中文名"车前草"则源于其沿车道生长的习性。

车前草遍布世界各地的道路上。那么，对车前草而言，"被踩踏"又意味着什么呢？

化逆境为机会，踏遍全世界的道路

对车前草而言，被踩踏不是什么坏事，无须忍耐，也不必克服。它长在道路上，依靠道路繁衍后代，能被踩踏，或许它还求之不得呢！

既已身处逆境，困难当前，不如设法加以利用，于危机中求得生机，这便是杂草的生存策略。

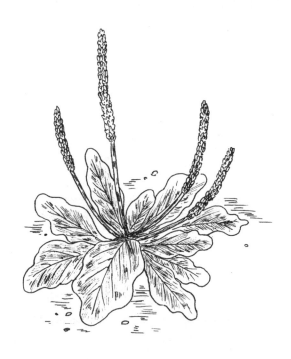

车前草

照理说，常遭踩踏的地方并不适合植物生存，但是，没有什么逆境是不可逆转的，连"被踩踏"也有其价值，车前草的求生策略就证明了这一点。

车前草的启示

一切逆境皆可逆转。

跟着蚂蚁看世界

——紫罗兰（十字花科）

石缝里常能看见**紫罗兰**的身影。那它的种子是怎么跑到那儿去的呢？

在石缝中开花的植物大多依靠风来传播种子。例如，蒲公英的种子借助风力被吹入石缝中，然后在缝隙中生根发芽，这样的现象也不算稀奇。

但是，紫罗兰的种子和蒲公英不同，并非以风力为媒介，这就奇怪了。

紫罗兰的种子是怎么跑到石缝里去的？

种子是不是顺着雨水从石头上方流进去的呢？这点很有可能。

那石缝顶端有没有成片的紫罗兰呢？但很可惜，并没有。

所以，紫罗兰的种子似乎是从石头底下"爬"上石缝里的，这究竟是怎么办到的呢？

种子表面有引诱蚂蚁的"诱饵"

其实，紫罗兰是通过蚂蚁来传播种子的。

紫罗兰的种子表面附有一种名为"油质体"的营养物质，这种物质能引诱蚂蚁把种子带回蚁穴。

紫罗兰

但是，蚁穴位于地底下，种子如果一直待在地底深处，又怎能破土发芽呢？不过，这个问题完全无须担心。

蚂蚁享用过油质体后，种子便被剩下了，蚂蚁吃不了这种子，只会当垃圾丢到蚁穴外边去。通过蚂蚁的这些行为，紫罗兰的种子被顺利散播到了地面上。

不止如此。蚁穴必定位于泥土之中，即使蚂蚁把种子丢弃在石缝里，那里多少也会有点泥土，足以让紫罗兰生根发芽了。

紫罗兰虽时常被认为是一种野花，但出人意料的是，城市里也并不少见，比如，街道边的柏油路或混凝土路的缝隙里。它们能把种子传播到那些地方，靠的自然也是城市里的蚂蚁。

紫罗兰的启示

巧借外力走得远。

不轻易发芽的
休眠策略

——荠菜（十字花科）

　　杂草是不容易养活的。

　　那些放任不管的杂草，往往随处都能生长，可精心培育的却怎么都养不活。听上去有些不可思议，但却是真的。

　　杂草不会顺着人的心意生长。首先，就算播了种，往往也不容易发芽。

　　蔬菜或花的种子只要撒进土里浇上水，过几天就会发芽了，仿佛种植者与被种植的植物之间心有灵犀，默契般约好了似的。

可若是换成杂草，把种子撒进土里，水也浇了，却总不发芽。什么时候发芽，得由杂草自己说了算。

左等右等，种的杂草没发芽，没种的其他杂草却发了芽，真是让人头疼。

杂草之所以不轻易发芽，是因为它们有休眠的习性。

提到休眠，好像一切活动都暂停，陷入静止了一般，比如，休眠火山、计算机休眠等。但是，对杂草而言，休眠却是一种极其重要的求生策略。

为什么休眠会是一种重要的求生策略？

杂草的休眠状态，具体来说，指的就是不轻易发芽。选择合适的发芽时机，对于杂草能否顺利繁衍后代至关重要。

不是每个季节都适合种子发芽。种子如果在秋天成熟发芽，很快就会冻死在寒冷的严冬；发芽时如果周遭的植物正开得茂盛，势必会因照不到阳光而枯萎。

不止如此。杂草的生长环境大多较为动荡，变幻莫测，所以，季节到了就准时规律发芽未必是最理想的选择。

春天来时，万物复苏，但对杂草而言，却不一定是发芽的好时机，保不准就会有意外从天而降。为了避免全军覆没，杂草才会进化出休眠机制，让种子伺机而动。

再加上人类的活动也往往无规律可循，福祸难料，导致杂草的休眠机制变得极为复杂，不仅可以暂时停止活动，还能做到交错发芽。

因此，泥土之下休眠着大量的杂草种子，地表所能看见的杂草，不过只是冰山一角。

英国的一项麦田调查结果显示，每平方米土

壤中的杂草种子竟高达75000颗。不可计数的种子隐匿于泥土之中，等待发芽的好时机。植物学上将这种种子称为**"埋土种子"**，埋土种子群即为**"种子银行"**。因此，杂草在泥土中存储了庞大的财产，无论被除草多少次，仍然能够接连不断地发芽。

"零散出击"，避免全军覆没

荠菜最为人所熟知的，除了别名花花菜，还有它那零零散散、接连不断发芽的习性。如果所有的种子同时发芽，一旦碰上人类大力除草，大挥镰刀或猛洒除草剂，很容易就会被一锅端。而错开发芽的时段，"零散出击"，便能有效分散全军覆没的风险。

因此，杂草的种子才会尽可能避免"集体行动"。

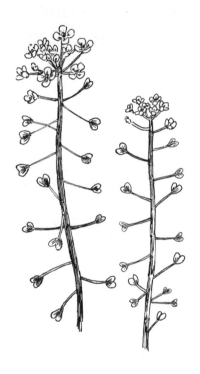

荠菜

但这并不是人类乐意看到的。那些蔬菜或供观赏的花，只要播下种子，便会一齐发芽。人们希望植物的"发芽时间尽量一致"，否则植物生长发育水平不一，收获季节和收获物也会凌乱不堪，那可就头疼了。

　　"不集体行动"往往被认为是"有个性"的表现，在这个意义上，杂草可说是极其重视个性的一种植物了。

荠菜的启示

避免集体行动，分散风险。

像发射子弹那样
传播种子

——酢浆草（酢浆草科）

杂草并不是随处生长的，种类不同，适合的生长环境也有所差异。

比如，在经常除草的地方，那里的杂草必定擅长应对除草风险；而常遭踩踏的杂草，自然也有妙法化解踩踏带来的破坏力。

扭转逆境，化危机为良机，是杂草生存智慧的第一要义。

在经常除草的环境中，杂草的"生长点（细

胞分裂、增殖最旺盛的部位）"大都位置较低，除草时所受的伤害较小。并且，人类频繁除草导致周遭竞争对手稀少，低处的生长点也能获得良好的光照，资源条件更加优越。（详情可参照第146～152页。）

还有些杂草索性横向延伸茎秆，让叶片贴地生长，以此减轻踩踏造成的伤害，并且让种子黏附在鞋底，在踩踏中实现自身的繁衍。（详情可参照第101～105页。）

那在常遭受除草的地方，杂草又如何呢？

在常遭受除草的地方，杂草自然会发展出应对除草破坏的策略。然而，与刀砍或踩踏不同，真正的除草活动往往会将植物连根拔起。面对这种彻底的破坏，杂草仍然能找到生存之道吗？

在常遭受除草的地方生长的杂草，是如何化除草为良机的？

酢浆草是一种庭院里常见的杂草，对它而言，除草不过是家常便饭。

酢浆草的果子长得像小型的秋葵，里面装有大量的种子。每一颗种子都包裹在一个白色的袋子里，如果有人除草时不慎碰到，那白色袋子受了刺激，便会翻个个儿，把种子弹射出去，噼噼啪啪一阵响，种子随即四处迸溅。白色袋子随种子一起飞溅，又带有黏性，自然就粘到了除草人的衣服上。

除草人在走动的过程中，粘附在身上的种子渐渐脱落，一路走一路掉，最终遍布庭院。

照理说，只要在酢浆草结果之前除草就行了。但是，许多生长在院落里的酢浆草依然能够顺利结果。

在频繁除草的环境中，对杂草而言，最重要的便是"速度"。为了赶在除草前结出果子，它从发芽到开花结果只需很短的时间。

而且，人类何时除草也是难以预料的，酢浆草只能尽量提高结果的效率，比如，开花结果的时间不固定，能开几朵就先开几朵，能结几个果子就先结几个果子，茎秆一般还很短，花只开了几朵，果子就已经接连不断地往外冒了。所以，尽管许多酢浆草看起来还很稚嫩，却已挂上了不少果子。

为什么永远拔不净？

可如果人类除草的速度够快，还是有可能在酢浆草结果之前把它连根拔起的。

但这个问题其实无须担心。在频繁除草的环境中，早就隐藏着许多上一代乃至上几代杂草留

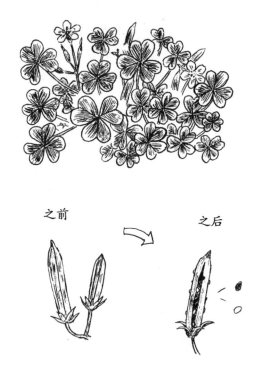

之前　　　　　　　之后

酢浆草

下的种子。

在除草时，那些种子便会混在泥土里，并且数量十分可观。

大量的种子隐身于泥土之中，静待良机。

很快，人类来除草了。土壤被掀搅开，阳光照了进来。

这说明，地面上已经没有什么植物了，因为如果地面上草木茂盛，泥土中便不可能有光线射入。

对渺小的杂草而言，这简直就是千载难逢的好机会。等候多时的杂草种子们以射入的阳光为信号，齐刷刷地发芽。而为杂草创造这些机会和条件的，正是人类自己。

明明费劲除了草，没几天杂草又疯长了起来。

至于那些未被阳光照到的种子，自然是继续

等待下一次机会，如此一来，种子银行（参考第113页）也就永远没有耗光的那一天。

因此，无论拔了多少次，杂草还是会长出来。连除草本身，都已被杂草化为求生的一种手段了。

酢浆草的启示

大量储存"备用种子"，静待时机。

两手准备，
既要"快"，又得"稳"

—— 苍耳（菊科）

俗话说："事不宜迟。"意思是，重要的事不可拖延，当尽快实施。

现代社会节奏飞快，机会转瞬即逝。只有快速行动，抓住每一个可能的机会，才能取得成功。

但是，另有一句意思正相反的俗语："欲速则不达。"意思是，一味求快反而无法达成目的，容易失败。

现代社会瞬息万变，未来难以预料，行动的

风险更大。但正因为生活节奏快，才更应该沉着应对，慎重思考。

是"事不宜迟"，还是"欲速则不达"，对现代人来说，要在其中做出选择，并不容易。

对杂草而言，能否顺利繁衍后代，时机很重要，尤其是发芽的时机，毕竟从种子到发芽的这段时间，风险是最大的。

试想一下，如果你是杂草，会选哪一个呢？

是选择抢在其他植物前头，尽快发芽呢？还是选择伺机而动，观察其他植物的状态后，再决定何时发芽？

简单来说，就是——

该求快，还是求稳呢？

这似乎是个愚蠢的问题。

杂草生长的环境变幻莫测，极为动荡，在这种情况下，没有什么选择是绝对正确的。

既然如此，正确答案应该是：不选择。也就是说，任何选择都可以考虑。

一个果子里，两颗"性格"迥异的种子

苍耳的种子形态便明确体现了对多种选择的兼顾。

苍耳最大的特征，是种子浑身都长满了刺。刺的末梢呈钥匙状弯曲，能与衣服的纤维紧紧缠绕，勾在人的衣服或动物的毛上，种子也随之被散播到了远处。

关于这种刺的特殊形态还有一则轶事，就是间接启发了拉链的发明。

把苍耳的果实切开，会发现里面有两颗长度不等的种子，二者的"性格"大相径庭。

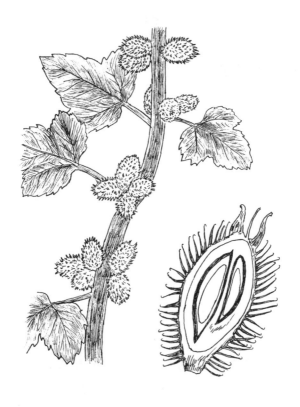

苍耳

稍长些的种子会更早发芽。植物之间对光的争夺十分激烈，越早发芽，长得越高，略迟一步，便只能甘居其他植物的叶片之下。

然而，杂草的生存环境变化无常，即使它们争先恐后地同时发芽，也可能遭遇耕作、除草等厄运，这时便是真正的"欲速则不达"。

一旦长粒种子遭难，苍耳的另一颗较短的种子便会慢悠悠地发出芽来。

性急求快的种子和沉稳镇定的种子，哪一种的性格更优越呢？其实，**二者并无高下优劣之分，只有兼具两者的特点，才能顺利应对纷繁复杂的生存挑战。**

无论是早发芽，还是晚发芽，对苍耳而言，最重要的，永远是"留存后代"。

早发芽的种子和晚发芽的种子都有可能成功存活。最终能否成功，往往取决于外部条件和运气，两者都有成功的可能。

准备好多种选项，不必非得舍弃某一方，如此才能顺利应对各种挑战。

苍耳的启示

难以取舍时，索性全都要。

"带软毛的种子"面临的小挑战

杂草的种子最远能去到多远呢？

比如，就算是高层公寓，只要在阳台的花架上填入土壤，杂草的种子也能飞上来生根发芽。像蒲公英那种带软毛的种子，乘着上升气流能一直飘到极高的地方，并且有土就能扎根。

研究者曾观察到一千米的高空中也有植物的种子在飘飞，其中必定有一部分最终落脚在极为遥远的地方。

植物总会千方百计把种子送到远方，可奇怪的是，为什么植物要这么做呢？

☼ 为什么植物要传播种子呢？

植物之所以四处传播种子，是为了扩大自己的分布范围。可为什么植物非得扩大分布范围不可呢？

生产大量种子成本不菲，而且并非所有种子都能成功传播到远处。

亲本植物能够在现有环境中顺利生长、开花、结果，说明原来的环境并不差。既然如此，何必非得把种子送往别处？在原地和子孙后代一起幸福生活不好吗？

还是说，植物的本性就是充满野心，总想向外扩展、侵占新的领域呢？

☼ 植物也注重"培养孩子独立生存的能力"

植物之所以让种子奔向远方，并不是因为

什么野心或冒险精神，而是为了**让种子离开亲本植物**。

如果种子在亲本植物所处的环境下发芽，那么，对种子构成最大威胁的，无疑就是亲本植物本身。亲本植物越是繁茂，枝叶底下越是荫蔽无光，种子既不能充分发育，更无力和亲本植物争夺水和养分。

因此，植物才会让宝贵的种子离开自己身边，去往陌生的远方，**让它们独立生存**。

当然，原因不止如此。如果是一年生（春天发芽，当年生长、开花、结果，最终枯萎的植物）的杂草，亲本植物当年就会枯死，种子的生长并不会受到阻碍。但即使如此，它们依然会四处传播自己的种子。

环境瞬息万变，对植物而言，没有什么永远的安乐窝，所以必须经常寻求新的栖身之地。

也许那些没有积极扩大分布范围的植物都已

灭绝，只剩下勤于四处扩张的植物，因此现在几乎所有的植物都会四处传播种子。

换句话说，**如果不居安思危，勇于挑战，恐怕连现状都无法维持。**

那么，下一个问题是——

☼ 植物的种子是大的好，还是小的好？

小种子轻盈，或许能飞得更远。但是小种子的养分少，不易存活。

大种子身上储存的养分多，发的芽更大，存活率高，长得快，所以竞争优势也大。

但是，植物用于生产种子的资源是有限的，如果生产大种子，数量势必会减少；而如果要生产大量种子，种子的尺寸自然就小了。

是生产大量的小种子？还是少量的大种子？面对这个两难的抉择，植物根据种子的大小和数量，分别制定了生存策略，以适应不同的环境。

大种子和小种子各有优劣，没有绝对的高下之分。但是，在较为动荡、变幻莫测的环境下，应该选择哪一方呢？

☼ 在动荡的环境下，应该选择大种子，还是小种子呢？

如果生长的环境相对安稳，杂草的种子也更大些。反之，生长在动荡环境中的杂草通常都会选择"大量的小种子"。毕竟，在充满变数、前途未卜的环境中，对任何事物的投资都有风险，所以不如尽可能广撒网，扩大投资对象，即"生产大量的小种子"，以此来分散风险。

当然，大量的小种子里有许多都无法存活，连芽都发不出来，失败率极高。就算杂草传播了一万颗种子，可哪一颗能够活下来，不到最后都是无法知道的。

但是，一万颗种子里，只要有一颗活下来，

对杂草而言，就算是成功了，并且足以抵消其他种子失败的风险。或许正因如此，杂草才会选择这种方式。

生产大量的种子，增加机会的数量，不断发起新的挑战，这就是杂草应对不可预测变化的基本策略。

☼ 酷似香肠的穗子里竟藏着三十五万颗种子

宽叶香蒲是一种多年生的水生杂草，具有高大而苗条的特性，展现出极强的竞争优势。此外，它还可以通过地下茎繁殖，无须依赖种子，就能不断繁衍。

那么，宽叶香蒲的种子长什么样呢？

宽叶香蒲最为人熟知的，是它那酷似香肠的穗子。令人吃惊的是，一根穗子里竟藏有三十五万颗种子。三十五万，都快赶上日本一个城市的人口了，几乎和日本长野市的人口相当。

宽叶香蒲

穗子里所藏种子数量之多，令人咋舌。

为什么极具竞争优势的宽叶香蒲会生产这么多的种子呢？

宽叶香蒲生长在浅水边，这种环境并不稳定：水位变化频繁，大雨时容易被淹没，而干旱时又容易缺水。

面对如此动荡的环境，无论宽叶香蒲的竞争优势多么强大，也未必能永远保持成功。因此，宽叶香蒲才会不断寻找新的栖身之处，通过大量的小种子不断发起新的挑战。

第四章

『聪明草』永远抢先一步

——身边那些巧妙伪装的杂草们

靠"伪装"
躲过除草之灾

——稻稗（禾本科）

俗语有云："上农除未草。"说的是，优秀的农夫往往在杂草未生之时，便会将其消除。

紧接着还有"中农除已草，下农不除草"，即普通农夫在杂草生出之后才着手除草，而糟糕的农夫则对杂草不作任何处理。

与杂草的斗争，是农作活动中永恒的课题。稍一大意，田地里便会瞬间遍布杂草。普通的农夫在杂草生出之后才着手除草，可到那时，形势已十分严峻了。

"在杂草未生之时便将其消除"，这话虽然听起来有些不可思议，实则极为在理，强调的是"预防胜于救灾"。

水田所产的稻米在日本是极为重要的粮食，农户们对水田自然照料得格外用心。日本的"田间除草"通常指的就是水田里的除草活动。

插秧后不久，田地里便会冒出杂草来。从前没有除草剂，农户们只能在田地里窜来窜去四处拔草。

等整块地拔完一轮，新的杂草又长出来了，即"二次草"。拔了二次草，还会长出三次草，在稻苗没长大之前，农户们与杂草的斗争永远不会停止，可见耕作稻田是多么繁重的劳苦活儿。

但是，从杂草的立场上看，这一切简直可怕极了。人类会无数次闯入田间，对它们痛下杀手；就算侥幸躲过一次，紧接着下一轮除草又开始了。

田地里危机四伏，所以杂草要存活下去并不容易。

> ## 如果你是杂草，会如何应对频繁除草的严酷挑战呢？

稻稗就巧妙地渡过了这样的危机。它们自古以来便栖身在田地里，不断进化，早已适应了田地严酷的环境。

生物课上我们都曾学过，植物种子发芽的必要条件包括"适于发芽的温度""水""氧气"，可稻稗却是在氧气减少时发芽的。

水田种稻需要灌溉，水入田后，地里氧气减少，稻稗便迎来了发芽的好时机。

通常认为，水稻传入日本时，稻稗便混在水稻的种子里，一同来到了日本。在绳纹时代末期的遗迹中就已发现了稻稗的种子，可见稻稗在日

稻稗

本的历史有多悠久。

水田是由人类创造的人工环境，稻稗从很早以前便在这种特殊的环境中不断进化，逐渐适应。

稻稗高达一米，属大型杂草。如果是小杂草，或许还能隐身于水稻的荫蔽下，躲过田间无穷无尽的除草之灾，但体型粗大的稻稗就不同了，它根本无处可躲。

适应田地的"隐身法"

古语有云："夫藏木于林，人皆视而不见。"这便是稻稗的求生策略。

水田里最多的植物就是水稻，稻稗让自己变得和水稻极为相似，与周遭融合无间，以此隐匿身形。

要区分稻稗和水稻并不容易，况且除草是个劳苦活儿，人类哪里有精力去仔细分辨酷似水稻的稻种呢？于是，稻稗便极巧妙地躲过了除草危机。

起初，是和水稻略微相似的稻稗侥幸存活了下来，而那些和水稻不相似的稻稗则会被识破，惨遭屠戮。久而久之，留下的都是与水稻相似的稻稗，最后便进化到几乎可以以假乱真的地步。

在自然界中，只有成功适应环境的物种才能存活下来，这便是所谓的**"淘汰"**。另一方面，人类也会依照需求选择物种，比如产量高，或味道好的，即**"人为淘汰"**。

实际上，稻稗在被人为淘汰的过程中不断进化，虽然这并非人类的本意，但结果上，稻稗无疑成了人类自己创造的一种杂草。

通过模仿其他事物来隐匿身形，即所谓的**"拟态"**，例如，变色龙的体色可与周遭环境同化，竹节虫的体形酷似树枝等，稻稗便是一种酷似水稻的**"拟态杂草"**。

对稻稗而言，最重要的便是繁衍后代。因此，无论外观变成什么样，像哪种植物，稻稗其实都无所谓。

等种子快成熟了，稻稗便抢在水稻前头，奋力抽出穗子来。人类这才识破它的伪装，但已经太迟了，稻稗早把自己的种子撒得到处都是，人类恨得牙痒痒，却又只能干望着，无可奈何。

为了达成核心目标，外在的一切都是可以舍弃的。稻稗就像间谍一样，为达目的，拼命压抑自己去融入周围的环境。

稻稗的例子告诉我们，**个性并不非要通过外表来体现，只要能坚守本心，就无所谓是否长得和别人一样。**

稻稗的启示

意志坚定，不惜暂掩锋芒以融入环境，也要达成使命。

"越除越旺"的
神奇体质

——早熟禾（禾本科）

草坪上种的大都是结缕草。

草坪需要频繁除草维护，通常情况下，人类的除草活动势必让植物元气大伤，可结缕草在被剪除过后，反而越发旺盛。

结缕草属禾本科植物，在禾本科植物中，有不少都能适应除草频繁的环境，因此，除结缕草外，草坪上也会栽种其他禾本科植物。

此外，牧场的草地一年中也需要多次修剪，这些草地上种植的同样是禾本科植物。

❧ 越除越旺的神奇体质是在怎样的环境中进化而来的呢？

禾本科杂草是生命力最强的植物之一。一般认为，它们强大的适应能力是在草原环境中磨炼出来的。

和植物繁茂的森林不同，草原上的植物较少，因此，草原上的食草动物对植物的争夺极为激烈。但是，禾本科植物却成功适应了如此严酷的生存环境。

禾本科植物最大的特点，是生长点的位置较低。

植物的生长点大都位于茎秆末梢，分裂新细胞的同时随茎秆不断向上生长。但是，一旦长有生长点的茎秆末梢被食草动物吃掉，对植物的伤害无疑是致命的。因此，禾本科植物的生长点位置才会进化得越来越低。

禾本科植物的生长点依然在茎秆末梢，但它的茎秆几乎不往上伸展，而是贴伏在地面。由于生长点临近地面，叶片只能不断往上抽发，不过就算碰上了牛马这类食草动物，也只是叶子被吃掉，生长点并不会受损。不管动物们来来去去吃上多少次，无非是多长些叶子罢了，禾本科植物就这样存活了下来。

紧贴地面结穗的原因

高尔夫球场或公园里的草坪总是修剪得齐齐整整。修剪过后，伸展在地面的叶片才能接受到阳光，其他植物也大大减少，竞争压力随之减轻。因此，每次修剪过后，草坪都会变得更加碧绿青翠。

高尔夫球场的草坪维护得极为精细，而球场中草高修剪得最低的区域当数"果岭"，即球洞周围。

为了严格控制草的高度，果岭的草坪修剪得十分频繁，并且只保留数厘米的草高。果岭上种的禾本科植物大都是细叶结缕草或剪股颖。

但是，果岭上也有杂草，即**早熟禾**。

早熟禾是禾本科杂草，人类的除草活动难不倒它，可要在果岭存活下去，它就得设法留下后代。和果岭上其他由人类管理、定期播种的亲族植物不同，作为杂草的禾本科植物只能依靠自身的育种和播种来繁衍。

禾本科植物虽然生长点较低，但在抽穗结子时仍需伸长茎秆。在像果岭这样的草坪上，由于修剪频繁，一旦茎秆稍微伸长，还未来得及结子便可能被剪断。

早熟禾

于是，果岭上的早熟禾便把穗子生得极低，比草坪限定的几厘米草高还要低，几乎贴在了地面。

❀ 发球台、球道、长草区——依区域而变的草高

早熟禾最高能长到二十厘米，但在高尔夫球场，茎秆稍长些便会被剪断，于是它便把穗子结得极低。

令人吃惊的是，即使把果岭上的早熟禾移植到别处，不再频繁修剪，它的穗子也仍然只有几厘米高，这说明低处结穗的特性是可遗传的。

高尔夫球场除了果岭，还有多个不同区域，包括最初发球的发球台、球场中央便于击球的球道，以及特意设置在球道外侧的长草区。这些区域的草坪限高各不相同。

有趣的是，据研究表明，从各区域取来早熟禾再移植，各自所结穗子的高度，仍然和各区域的草坪限高一致。

枪打出头鸟，早熟禾熟谙这个道理，没有让珍贵的穗子一味长高，而是一地一策，灵活变通，从而成功地在草坪上存活了下来。

早熟禾的启示

不冒险做"出头鸟"。

湿地植被
演替最后的赢家

——芦苇（禾本科）

如果放任植物自由生长，便会出现一种现象：强大的植物接连出现，不断取代弱小的植物。

比如有一片空地，起初只长着一些小草，跟着长出了稍大些的草，再就是更大的草，而后灌木丛生，不久大树越来越多，长满了阳树，最后阳树被阴树取代，成了一片幽秘深邃的森林。

在植物学上，这种植被变迁的现象被称为"演替"。

阴树指的是可在背阴处生长的树，这也是为什么，最后空地会变成一片满是阴树的森林。阳树中，那些可获得光照的高大成年树木尚能存活，可种子就无法在阴暗的森林里顺利生长了，因此，最后必然会在与阴树的竞争中败下阵来。

阴树是植被演替最后的赢家，等它们完全适应环境后，便来到了"极相"这一阶段。

但是，并非只有高大的阴树才能达到极相阶段，草也可以做到，比如芦苇。

芦苇高可达两米以上，是大型草，但和树木相比，仍然要矮得多。

"丰苇原瑞穗国"的隐藏含义

在遥远的过去，日本曾被称为"丰苇原瑞穗国"，意即"苇草繁茂，稻穗饱满的幸福国度"。

其中的苇草，说的就是芦苇。

在日语中，"苇"字有两个读音，分别是"ASHI"和"YOSHI"，有些人误以为二者是不同的植物，其实并非如此。"苇"最早的读音是"ASHI"，但因为和日语中"恶"的发音相近，听起来不吉利，便改读成与日语中"好"同音的"YOSHI"了，就像人们有时把"死"说成"往生"一样。

日本的植物学百科全书已把芦苇的读音确定为"YOSHI"，不过，在关西地区，因为"ASHI"和当地方言中"钱"的发音相近，听起来又吉利了，有些人便也仍旧读作"ASHI"。

日本人以稻米为主食，稻穗饱满自然是好事，可芦苇不过是杂草，说芦苇繁茂的国家比较幸福，总觉得有些别扭。

苇原是一片广大的湿地，非常适合开垦为水

田；部分芦苇的根部附有含铁细菌，可提炼出铁元素，古时便有采集芦苇根炼铁的做法。因此，"丰苇原瑞穗国"指的就是拥有大量米和铁的国家，而这两样资源在当时极为珍贵。

很久以前，日本的国土上曾覆盖着广袤的芦苇荡，到江户中期以后，低处的平原才陆续开发为水田，因此，现在许多修建为城市或居民区的平原，曾经都是芦苇茂盛的低湿地。

在陆地，通常只有高大的树木群才能达到植被演替的极相阶段，而在水边，植被演替最后的赢家则是大片大片的芦苇。

但奇怪的是——

为什么比树木矮的芦苇草能够成为植被演替最后的赢家？

这个问题倒不难回答。大树是无法在积水的湿地中生长的，所以草类的芦苇才能在植被演替

芦苇

中存活到最后。

可是，草类植物那么多，为什么偏偏是芦苇能成为最后的赢家？这与禾本科植物适应环境的能力有关。

本书第146页中提及，禾本科植物强大的适应能力是在干燥的草原地带形成的。

那么——

为什么擅长适应干燥环境的禾本科植物，却能在湿地中称霸呢？

禾本科植物的生长点位置极低，茎秆不会伸长，叶子从低处的生长点不断向上伸展。这种生长方式是为了避免被食草动物啃食，从而保护生长点的安全。无论叶子被吃掉多少，生长点始终位于低处，始终都能不受损。而且，生长点靠近地面，使得禾本科植物的叶子离根部非常近。

为了在湿地环境中生长，植物就得把根扎在水底的土壤中，**可怎么才能把氧气供给到根部呢？这是湿地植物生长过程中的一大难题**。

令人意外的是，尽管禾本科植物的生长习性原本是在适应干燥环境的过程中形成的，却轻松解决了湿地植物的生长难题。

叶子靠近根部，意味着叶子获取的氧气可以迅速输送至根部，氧气问题迎刃而解，因此，湿地植物中有不少都是禾本科植物。

芦苇的绝妙发明：中空的茎秆

比如，在满是水的水田里，栽种的也是禾本科植物：水稻。而同是禾本科植物的芦苇更是水生植被演替最后的赢家。

能够在植被演替中不断胜出，必然拥有极大的竞争优势，茎秆往往也相对较高。在芦苇生长的湿地中，水位常常变化，偶尔还有洪水来袭，极为动荡，要在这样的环境中伸长茎秆且保持不倒，其实并不容易。

芦苇的应对之法是：发明了中空茎体。

中空的茎体内部有空洞，可以容纳空气流通。与实心茎体相比，中空茎体不仅能够节省更多的养分，从而集中养分用于茎秆的生长，还使得茎体更轻盈，有助于茎秆保持高挺。

中空茎大都不耐外力冲击，水流冲得稍猛些便弯折了。但是，芦苇的茎体并不脆弱，为了在弯折后恢复高挺，接受光照，它的茎体上茎节遍布，因此极大增强了韧性和强度。

因此，芦苇的中空茎秆既轻盈又韧性十足，大且长。日本古时候制作"苇帘"（日本房屋檐前张挂的一种帘子）时，便多以芦苇为原材料。

但是，读到这里，或许有人会觉得不太

对劲儿。

禾本科植物的优势在于根与叶的距离较近，茎秆抽发得那么高，不就发挥不出禾本科的优势了吗？

的确如此。

要回答这个问题，就得先了解禾本科植物是如何适应环境的。

我们不妨先介绍其他的禾本科杂草，看看能否找到破解芦苇生长之谜的线索。

芦苇的启示

适时弯折不逞强。

"简单形态"
背后的进化奥秘

——芒草（禾本科）

芦苇是湿地植被演替到极相阶段的最后赢家。而在陆地上，树木为获得光照而展开激烈的竞争，最终大树遍布，形成茂密的森林，达到极相阶段。

但是，植被演替也可能陷入停滞。比如，在酸性火山灰的土壤中，树木是无法生长的。在这种地方，能够存活下来，成为最后赢家的，是芒草。

和芦苇一样，要在这种环境中成为最后赢家，就得在光照竞争中胜出，因此，芒草必须比其他植物长得更高。

但是，芦苇和芒草是禾本科植物，在早熟禾一节已介绍过，禾本科植物为减轻食草动物摄食所造成的伤害，便把生长点的位置降得极低，几乎接近地面，同时茎秆也不会向上延伸。也就是说，它们的形态十分简单，只有夹杂着生长点的根部和叶片，这也是我们普遍印象中"草"的模样，看上去只有露在地面的些许细叶。

但是，既然免不了要和其他植物争夺光照，自然是长得越高越好，那么芒草是如何应对的呢？

要回答这个问题，就不得不提到禾本科植物强大的适应能力，为了长高，它们又展现了令人叹为观止的神奇本领。

把伸长的叶子分"节"

首先，试想一下，**怎么才能让露在地面上的**

叶子伸得更长呢?

比如,把纸立在桌面上,最高能立到多高呢?一张纸如果分长短边,自然是竖向的长边更高。

叶子也一样,不是叶子大就能立得高,在叶片面积相同的情况下,竖立的细长形叶子更高。禾本科植物之所以叶片细长,便是这个缘故。

如果我们把纸剪成细长条,试着立在桌上,便会发现,细长的纸条并不容易立住,往往会垂下来,这时该怎么办呢?

可行的做法是,把纸沿长边对折,如此一来便可增强纸条的硬度,使其不容易垂下。

实际上,芒草的叶子也用了同样的方法。仔细观察芒草的叶子,会发现叶片当中有一条白而粗的线,那就是它的叶脉,被称作"中肋"。叶子的中肋和纸的对折线一样,由叶片底端往上延伸，把叶片对折成了两半。

这就是禾本科植物的神奇本领。但是，若要使植物向上延伸得更高，又该怎么办呢？

如何在不增加叶脉的情况下继续向上延伸呢？

让我们再次把纸立在桌上，想想怎么才能立得更高。

最有效的办法是把纸弯成圆柱形，使整体硬度大大增加，如此一来，不用把纸剪细对折，也能竖得高高的。

禾本科植物也是这么做的。它们的叶子分为圆筒状的部分和末梢的普通叶片部分，普通叶片部分称为"叶身"，带有叶脉；圆筒状部分形似收纳刀具的刀鞘，因此被称为"叶鞘"。叶鞘呈圆筒状，不细看还以为是茎秆。

禾本科植物那看似茎秆的部分，竟然是叶子变成的，实在令人吃惊。虽然乍一看，好像长长

芒草

的茎秆上蹿出了几片叶子，但其实禾本科植物的根和叶是紧邻的，不会隔得那么远。叶鞘因酷似茎秆，因此也被称为"伪茎"。

像芒草或芦苇这类禾本科植物，茎秆的末梢也会结穗，可茎秆上面不是还顶着圆筒状的叶鞘吗？这是怎么回事？

因为它们真正的茎秆，就长在圆筒状的叶鞘中。

同样的，茎秆上的生长点也隐藏在叶鞘中，到了结穗的季节，才会跟着茎秆末梢伸出叶鞘。

茎秆平时不会冒头，只在叶鞘中缓缓攀升，到结穗时才伸出来，这也是为了防范穗子被食草动物吃掉。

到了禾本科植物结穗的季节，如果仔细观察，应该就会发现穗子已经渐渐从叶鞘中冒出来了。上一节提到的问题，即芦苇如何平衡高茎体和低生长点的矛盾，答案就是这个。

食草动物与禾本科植物之间"没有硝烟的战争"

与纸张相比，禾本科植物的叶子当然要结实坚硬得多。

硅酸是玻璃的主要成分，在土壤中储藏丰富，但毫无营养。然而，禾本科植物会积极吸收硅酸，以此增强叶子的硬度。

对芦苇和芒草而言，吸收硅酸应该有助于让叶子长得更高，不过，禾本科植物之所以吸收硅酸，原本是为了抵御食草动物的摄食。

在芒草繁茂的草原上，栖息着大量食草动物，芒草为了免遭食草动物的摄食，其叶片的外缘就长有一排锯齿般的硅酸体。

为了抵御食草动物的摄食，禾本科植物进化

出了各种本领，先前介绍过的生长点位于低处，也是其中之一。

但是，食草动物同样会设法求生。为了能吃掉禾本科植物，食草动物也进化出了高超的本领，比如，食草动物的牙齿长得就像石磨一样，能把禾本科植物坚硬的叶片碾碎了再吃下去。

而禾本科植物也有其他妙招，比如减少叶片中的养分，变得"难吃"。

当然，食草动物并不会就此善罢甘休——牛可有四个胃，胃中的微生物能够充分分解禾本科植物的叶片，获取足够的养分；马的盲肠很长，也能够从养分较少的禾本科植物中获取养分。如果不能进化出这些应对之法，它们便无法在遍布禾本科植物的草原上生存下去了。

禾本科植物和食草动物是共同进化的。

芒草与食草动物斗智斗勇，不断进化的最终结果，就是获得了结实坚韧的躯体。

以前，人们会将芒草束成捆，铺在房顶上，做成"茅草屋顶"，村子里还有专门的"茅草场"，便于随时砍取里面的茅草。

但是，如果放任茅草场不管，植被不断演替，长出树木，再汇成森林，芒草也会逐渐消失。于是，人们为了维护茅草场，会定期除草烧荒，使树木无法生长，植被演替陷入停滞，芒草地这才得以维持。

如果把人类也当成一种普通的生物，人类的生命活动和其他生物的并无差别，那么，在人类的维护下得以长期维持的芒草地，在某种意义上也相当于达到了极相阶段。

芒草为求生存，巧妙地利用了一切可利用的事物，包括人类在内，因此才能成为植被演替最后的赢家。

芒草的启示

为求生存，一切事物皆可利用。

不惧暑热，青翠如故

盛夏时节，花坛里的花草尽管每天都勤浇水，可还是病恹恹的，而路边那些无人照管的狗尾巴草，却依旧生机盎然。

这是因为狗尾巴草有着特殊的光合作用机制。一般的光合作用机制名为"C3途径"，而狗尾巴草的则是"C4途径"，以C4途径进行光合作用的植物又被称为"C4植物"。

光合作用机制可以理解为以二氧化碳和水为原材料生产糖分的过程，生产的能量来源就是阳光。

人们往往以为植物光合作用的结果是产生氧气，但其实氧气只是整个过程中的副产物，也就是被丢弃的垃圾。

那么，C4植物的C4途径究竟是怎么回事呢？

植物的叶子上长有气孔，可供空气出入，二氧化碳就是从气孔吸入的。C4途径可以将吸入的二氧化碳浓缩，储存到一定量后，再一股脑儿送去C3途径。

光合作用就像产品的生产过程一样，夏天虽然光能充足，但光有能量，没有原材料，生产也无从开展。C4植物可以在短时间内向生产线输送更多的原材料，从而在夏季的大热天里，提升光合作用的生产效率。

C4植物的优点不止如此。植物会打开气孔吸收二氧化碳，但同时珍贵的水分也会化为水蒸气流失出去。而C4植物每打开一次气孔，便能将吸入的二氧化碳浓缩，这就意味着可以吸入更多的二氧化碳，从而减少气孔打开的次数，水分流失得也更少，让植物更耐干旱。

C4途径无疑是一种更为先进的光合作用机制。

但是，还有比C4途径更先进的，即"CAM"光合作用机制，是C4途径的升级改良版。以CAM途径进行光合作用的植物被统称为"CAM植物"。

C4植物通过C4途径对二氧化碳进行浓缩，再输送至C3途径，而CAM对于C4途径和C3途径的分工更加明确：夜间吸收二氧化碳，交由C4途径进行浓缩后，输送至C3，到昼间时再由C3途径进行光合作用。

通过这种方法，就可以让吸收二氧化碳的气孔只在夜间打开，避开干热的白天，使植物更加耐旱。因此，CAM无疑是目前最先进的光合作用机制。

☀ CAM机制虽先进却也有缺点

但奇怪的是，杂草中的CAM植物只有一部分，比如马齿苋。而且，在杂草以外的植物中，也鲜有以CAM途径进行光合作用的。

☀ 为什么其他植物没有采用先进的CAM途径呢？

杂草们是没法采用CAM途径吗？不，它们只是没有采用而已，原因在于，先进的CAM途径有一个重大的缺点。

CAM途径虽然可以在夜间吸取二氧化碳，但可供C4途径储存的分量相当有限，这也导致昼间用于光合作用的二氧化碳并不多。

不止如此。打开气孔不仅可以吸入二氧化

碳，同时也会把废弃物——氧气排放出去。如果植物昼间不打开气孔，昼间进行光合作用时产生的废弃物——氧气便会堆积，反而导致光合作用无法充分进行。

CAM途径虽然是最先进的光合作用机制，但也是效率最差的，因此通常不被植物们所采用。

不过，CAM可以不在昼间打开气孔，这极大增强了它们的耐旱能力。因此，尽管效率低下，沙漠里却生长着许多CAM植物，毕竟，在极端干旱的条件下，耐旱性成了植物生存的首要需求。

那C4植物呢？

C4植物可以在昼间打开气孔，同时进行光合作用，不存在二氧化碳不足的问题，氧气也不至于堆积。

但其实C4植物也有其局限——

☼ 为什么其他植物没有采用先进的C4途径呢？

C4途径的特点是可以将光合作用的原材料二氧化碳浓缩。大气中的二氧化碳含量极为丰富，C4植物可备好大量原料，等光能一充足，便能迅速提高光合作用的效率。

但阳光并不总是充足的。有些地方背阴，阳光照不到，或者夏季结束，秋天来临时，阳光渐渐就弱了。而且，气温越高，光合作用的效率也越高，反之，低温则会降低光合作用的效率。如果只有原材料，却没有充足的能源，生产自然无从开展。

不止如此。其实C4途径在进行光合作用的预处理流程，即浓缩二氧化碳时，也是需要耗费能量的。在能量本就不足的情况下，这无疑是一种巨大的浪费。

如果是光照充足的热带环境，C4植物或许能

狗尾巴草

够大显身手，如鱼得水，但像日本这种温带环境就未必了。

　　日本的杂草中既有C3植物也有C4植物，它们各自适合的生长环境并不相同。因此，看似优越的生长方式，未必就是最适合的，进化也是一个权衡利弊的过程。

第五章

『奇招』层出不穷的杂草们

——成为『独一无二』

不被归类的自由

—— 一年蓬（菊科）

许多杂草十分相似，就算看了植物百科中的专业定义，也仍然难以区分。这是因为差异太过细微，甚至需要用显微镜才能辨别。

或许有人会觉得，有必要区分得那么细吗？但这也是没办法的事，因为越是深入某个领域，外行人就越难分辨其中的细微差异。

比如，那些年轻的偶像明星我就完全分不清谁是谁，年轻朋友们或许一眼就认出来了，还会诧异我为什么如此迟钝，可我却怎么也分不清楚。那么，有没有一本偶像百科，对他们细细定义，好让我能分辨得出呢？

最容易给人留下深刻印象的是发型和服饰，但这些常常会变，甚至一天一个样。除此之外再要加以区别，就只能通过一些小细节了，比如眼下的痣、笑时的酒窝等。

植物也是一样，尽管内行人一眼就分得清，可要说明区别在哪儿，还是只能从极细微之处讲起。

因此，植物百科读起来并不轻松。

"一年生"和"多年生"各自的优劣势

春飞蓬和一年蓬也常被认为是极为相似的两种杂草。

二者在细节上的区别，包括春飞蓬是叶片包裹茎秆，以及茎体中空等，但实际上，这完全是两种截然不同的植物。

春飞蓬和一年蓬都是从北美洲传到日本的外来植物。最早传入的是一年蓬，早在明治时代就已抵达日本，并沿着长长的铁轨传播至全国各地，因此得名"铁道草"。和蒲公英一样，一年蓬的种子附有绒毛，借着火车呼啸的风四处飞散。当时的人们对这种杂草还很陌生，但它的扩散却也成为文明开化的一种象征。

另一方面，春飞蓬于大正时代传入日本，只是扩散得并不迅速。

一年蓬扩散得快，春飞蓬扩散得慢，是什么原因导致了这种差异呢？

在植物学上，一年蓬又名"越年草"，属"越年生"植物，这种植物于秋季发芽，过冬后的次年开花。因跨年生长，由此得名越年草。一年蓬出芽后，一年之内会留下种子，然后枯萎。

那些春季发芽秋季枯萎的植物则是"一年

草"。越年草和一年草都会在一年内枯萎，所得的养分全部用于产出种子，毫无保留，全投资给了下一代。

那春飞蓬呢？植物学上将其定义为"多年生"植物，即多年草。多年草也会开花育种，但却不会完全枯萎，仍能继续活下去，并且逐年长大。多年草的养分不只用于育种，也投资在自己身上，因此相比于一年草，种子数量较少，在扩散传播上自然略逊一筹。

那么，一年草和多年草哪个更具生存优势呢？

这个问题没有绝对的标准答案。

一年草和多年草各有强项。一年草擅长应对多变的环境，尤其是变幻莫测、毫无规律可循的动荡环境。要在这种地方存活下来可不容易，但古话说，凡事不破不立，**毁灭之后必有创造，一年草迅速更新换代，是为了强迫自己不断适应新**

的环境。

不过，一年草光靠种子繁衍，如果种子全军覆没，它也就彻底绝后了。多年草则不然，在产出种子的同时，自己也能继续存活，相当于上了双重保险。就算种子全军覆没了，自己也还活着，再重新育种就好了。再者，重新育种不代表一切从头再来，它本身就是已成熟的植株，再育种时效率自然更高。

不过，多年草把一部分养分投资在自己身上，势必导致给下一代的投资减少。因此，在更新换代的效率和适应环境变化方面，相较于一年草就要略逊一筹了。

综上，一年草和多年草其实各有强项，难以分出高下。

活得越"随便"，适应能力越强

一年蓬是越年草，虽能跨年生长，但一年之

一年蓬

内就会枯萎，也被称作"冬型一年草"。它的生存策略是将一切养分用于育种，迅速更新换代，不过——

也有一年之内不枯萎，第二年长得更大的一年蓬。

这种能够生长一年以上，在第二年开花的植物，称作二年草。也就是说，原本是一年草的一年蓬却长成了二年草。

类似的例子还有小蓬草。和一年蓬一样，小蓬草也是在明治时代，随铁轨一同传播扩散的，并且同样被冠以"铁道草"的别名，属于秋季发芽、次年开花的越年草（冬型一年草）。但是，根据环境的不同，它也可能变成春季发芽、当年开花的一年草（夏型一年草）。

其实，许多杂草的生长方式都和植物学上的定义说明有所出入，写明春天开花的，实际却在秋天开花；写明草高一米的，却长到十厘米就开了花。

杂草是一种看似随意的植物。

但是，站在杂草的立场上，这种随意却是必需的。杂草生长在变幻莫测的环境中，如果不能及时应对，便只有死路一条，所以，它们必须灵活应对周围的变化。

话说回来，无论一年草还是多年草，这些分类都是人类擅自给杂草贴上的标签。植物学上的定义代表了我们对杂草"应有的姿态"的理解，但真实的杂草并不受这些标签的限制。

没有"应有的姿态"，这才是杂草的强大之处。

一年蓬的启示

不被"应有的姿态"局限，不被标签束缚。

强大的落伍者

——问荆（木贼科）

一般认为，**杂草是进化得最完美的植物**。

让我们重新翻开生物课本，回顾一下植物的进化之路吧！

包括人类在内的脊椎动物，都是由无脊椎的鱼类进化而来的，鱼类登上陆地，成为两栖类动物，再分别进化成了虫类、鸟类和哺乳类动物。同样的，也有植物登上了陆地，而"如何向体内输送水分"，便成了它们面临的第一大难题。

最初登陆的是苔藓植物，由于根、茎、叶

不分，没有进化出向体内输送水分的生理构造，因此无法长大，并且只能生长在水分充沛的潮湿地带。紧接着上场的是蕨类植物，根、茎、叶有所分化，也进化出一种不成熟的输水机构，即"管胞"。

蕨类植物虽然以孢子繁殖，但是孢子的产生方式既包括无性生殖，也包括有性生殖，通过有性生殖产生孢子时，精子需要水才能游向卵子；然而，蕨类植物的根系并不发达，吸水能力有限，因此，蕨类植物即使离开近水处，也仍然只能生长在潮湿地带。

裸子植物进化出了不需要水也能完成生殖的种子，这才得以在干燥的土地上存活，但随之而来的问题是：如何适应多变的环境。

裸子植物的胚珠直接裸露在大孢子叶上，然后发育成种子，但是，裸子植物在获得花粉之后才能开始育种，种子成熟需要耗费较长的时间。被子植物则进化得更加完善，胚珠是包裹在子房里的，因此早早就做好了受精的准备，花粉一来即可受精，然后快速完成育种。

育种速度加快以后，进化的速度随之加快，植物们越来越能够适应各种各样的环境。

在植物的进化历程中，先有木本植物，然后才出现了草本植物，这也使得植物的生长效率得到了进一步的提升。一棵树要长大，得花上许多年，而草却能在短时间内开花结籽。随着生长效率的不断提升，植物适应环境的能力也越来越强了。

最强悍的杂草之王

后来，杂草出现了。

人类不断创造出新的环境，杂草不断设法适应，渐渐成了普遍认为进化得最完美的植物。

笔头菜是春天的代表风物之一，学名为问荆。严格来说，笔头菜是问荆用来传播孢子的孢子茎。

笔头菜虽然长得玲珑可爱，但问荆却是最强悍的杂草之一，甚至有除草剂打广告时声言："连问荆都能铲除。"

不过，遗憾的是，除草剂通常很难把问荆彻底剿灭。问荆的地下茎扎到了地下一米多深，所以就算除去它的地面部分，也很难彻底摧毁它在地下的本体。

堪称杂草之王的问荆，其实是蕨类植物。

从进化的历程上看，蕨类植物相对比较原始，已然是落伍的物种了。问荆的亲缘植物主要活跃在古生代（距今五亿七千万年前至二亿四千七百万年前），比恐龙活跃的中生代（距今二亿四千七百万年前至六千五百万年前）还要早。问荆从古生代一直存活至今，是当之无愧的"活化石"。

问荆

植物的进化历经了苔藓植物、裸子植物、被子植物，而被子植物中的木本植物又进化出了草本植物。

但是，说到这儿就奇怪了。在普遍的印象里，进化通常会导致更新换代，出现更优越的新物种，就像长颈鹿从短脖子进化成长脖子那样。

自然界讲究适者生存，优越的物种不断发展，较低劣的则逐渐消亡，所以现在已经没有短脖子的长颈鹿了。

可是——

像苔藓植物或蕨类植物这种古老物种，为什么能生存至今呢?

自然界的生存法则是优胜劣汰，这就意味着，现有的物种全是适应了环境的优越物种。

但这种说法并不准确。新物种当然有其优越

性，不过也不是全无弱点，而且，进化是一个取舍的过程，新物种必定失去了一些原有的技能。

当环境发生变化时，旧物种也可能重新占据优势地位，因此，那些被认为是古老物种的苔藓植物和蕨类植物，才一直存活至今。况且，在维持原有特性的同时，苔藓植物和蕨类植物并非一成不变，它们同样也顺应了时代和环境，在不断进化着。

现在我们所能见到的植物，都已进化到了最新形态。

蕨类植物虽然有分化的茎和叶，但它们的功能并不像依靠种子繁殖的植物那样明确。蕨类植物的地面部分通常被误认为是茎秆，但实际上那是它的叶子。它的茎秆并不向上挺立，而是伸入地下。伸入地下生长的茎秆又叫地下茎。

问荆虽然也是蕨类植物，但它的叶子却退化了，外伸在地面的看似叶子，其实是茎秆，而地下同样也长着地下茎。那地下茎深潜在地底深处，一直往上延伸，直至冒出地面。不管是刀砍还是药杀，都难以破坏这些地下茎。这么简单的生理结构，却正是问荆的强大之处。

因此，新的未必就是好的，有时，老物种也可能更强大。

问荆的启示

重新发现"落伍者"的优点。

悲喜交加的
"外来杂草"

—— 一枝黄花（菊科）

在普遍的印象中，从国外传入日本的外来杂草似乎都既强悍又凶恶，但其实并非如此。

外来杂草对日本的环境不熟悉，许多杂草虽然传进来了，却因为没能适应环境而灭绝了，存活下来的少之又少。

在日本过度繁殖，造成危害的外来杂草只是极少数，而能在逆境中求生的，必定强悍凶狠，极具侵略性。

一枝黄花就是名气颇大的一种外来杂草。

进入现代社会以后，借着全球化的东风，许多陌生的外来杂草陆续传入日本，一枝黄花便是先驱者之一。

第二次世界大战后，自美国输入日本的物资中偶然混入了一枝黄花的种子，由此便在日本国内扩散开来。从日本战后复兴至高速发展时期，与美国的物资往来愈加频繁，一枝黄花也随之扩散到了日本全境。

在那以前，每到秋季，日本漫山遍野，要么开着成片的芒草——那是日本秋季七草的代表性植物，要么零零碎碎星散着各种野花。

但是，一枝黄花将秋季的原野统统染成了黄色，日本人从未见过这样的秋季景象，自此才认识了这种外来杂草。

一枝黄花之所以能大片大片蔓延开来，是因为它的根部会分泌有毒物质，以此驱逐周遭与其相竞争的植物。面对突如其来的猛烈攻击，本地

一枝黄花

植物毫无招架之力。

最终一枝黄花大获全胜，完全占领了秋季的原野。

但是，盛极一时的一枝黄花，现在却彻底衰落了。

🎍 一枝黄花为什么会衰落？

相关研究表明，一枝黄花之所以会衰落，是因为"自体中毒"。

在与其他植物竞争时，毒素是强有力的武器，但竞争对手消失后，原本用于攻击对手的毒素居然开始反过来侵害本体，放毒者反遭毒害。

一枝黄花的失败说明，自然界中从来没有常胜将军。

一枝黄花在日本虽然被视为凶恶的入侵者，但在它的故土美国，却是广受喜爱的一种花。

日语中把一枝黄花称作"背高泡立草"，背高即长得高，因为日本的一枝黄花能长到数米之高。

但奇怪的是，在原产地美国，一枝黄花并没有那么高，大都不足一米，身形纤丽，惹人怜爱；也没有成片汇集，而是零星混杂在其他花草中。

最近，美国当地甚至对一枝黄花发起保护运动，以免外来入侵植物威胁到它的生存。在自己的祖国，一枝黄花居然如此脆弱。

为什么原本可爱柔弱的野花，到了日本就变得凶猛残暴了呢？真相如何，我们不得而知，或许，为了在陌生的日本生存下去，它才不得不把自己武装起来吧！

可是——

为什么一枝黄花在原产地没有称霸呢？

一枝黄花在原产地没有释放毒素吗？并非如此，在那里，它也照放不误。

但是，美国的植物从很早以前便是和一枝黄花一同进化过来的，一枝黄花进化出能放毒的本领，其他植物自然也进化出了应对之法。

况且，任何植物都会从根部分泌化学物质，以此攻击周遭的其他植物，或者抵御病虫害。一枝黄花会释放毒素，邻近的植物同样也会释放化学物质，彼此半斤八两，不相上下。

那些对一枝黄花的毒素缺乏抵抗力的植物，在美国早就活不下去了。但是，对日本的植物而言，一枝黄花所释放的毒素是前所未见的陌生物质，它们一时之间束手无策，只能败下阵来。

不过，一枝黄花最后因为自体中毒，元气大伤，如今本土的芒草风头正盛，一枝黄花大有节节败退之势。

自然界从来没有常胜将军

一枝黄花衰落的原因不止如此。

外来杂草在日本的最大生存优势，就是它们在原本母国所面临的那些棘手病虫害威胁在这里完全消失了。

初来日本时，没有昆虫会食用一枝黄花。但是，能对一枝黄花造成威胁的昆虫近来也从美国侵入了日本；日本的病菌日益进化，已能渐渐攻破一枝黄花的防线，使其染病；日本本土植物的适应能力不断提升，面对一枝黄花的猛烈攻势，不再束手无策。现在，一枝黄花丛中偶尔也能见到其他的植物了。

一枝黄花已经衰落了，这几乎已成为共识。但真的是这样吗？

如今，秋季原野上盛开的一枝黄花，高度还

不足一米，身形纤丽，仿佛又恢复了在原产地时的模样，成为日本秋季风景中和谐的一部分。

在自然界中，各种生物彼此竞争又互相帮助，没有谁能永远胜利，也不存在永远的失败，一切始终维持着微妙的平衡。

况且，一时的所向披靡就能算成功吗？

你看，一枝黄花现在不也渐渐恢复自己的"本来"面目了吗？

一枝黄花的启示

恢复"本来面目"，方是长久之道。

"寄生"的日子也不好过

——金灯藤（旋花科）

对植物而言，根部可以支撑躯体，吸收水分或养分，是极重要的器官。

但是，金灯藤，又名无根草，草如其名，它就没有根。

为什么金灯藤没有根也能活？

金灯藤虽然没有根，但种子刚发芽时，根部还是完好的。

金灯藤和牵牛花一样，都是旋花科的藤蔓植物。和所有藤蔓植物一样，金灯藤也会缠绕在其他物体上，将藤蔓垂至地面。

但是，金灯藤并不像其他藤蔓植物那样，抓到什么就缠绕什么。那些人造支柱或枯枝，它正眼也不会瞧一下。

酷似"绳子"的外观与习性

金灯藤钟爱的是生命力旺盛的植物。

就像一条四处搜寻猎物的蛇一样，金灯藤会在周遭的植物身上爬来爬去，寻找可缠绕的目标。一旦锁定猎物，藤蔓就紧紧缠了上去。

金灯藤其实是一种寄生植物，靠吸收其他植物的养分生存。因为所需养分皆取自其他植物，所以既不需要用于吸收养分的根，也不需要用于光合作用的叶子。

金灯藤缠上猎物之后，那条拖在地面的根部

金灯藤

再无用武之地，很快就消失了，取而代之的，是像吸血鬼的獠牙一般尖利的寄生根。金灯藤的寄生根会扎进已被藤蔓层层缠绕的宿主植物，像吮吸生血一样，从猎物身上吸取养分。

金灯藤不需要进行光合作用，体内自然也就不含光合作用所需的叶绿素，因此，金灯藤通体都是黄白色的，看起来就像一根绳子。

多么狡猾的生存策略！

不过，自然界中可没有狡猾这回事，那是一个不讲规则的地方，法律、道德通通不起作用。不管手段多卑劣，能活下来就算赢。

但奇怪的是，虽然"不择手段，只为求胜"是自然界通行的铁律，可像金灯藤这种寄生植物的数量却意外地少。

为什么像金灯藤这样的寄生植物很少？

这背后的原因目前还未明确。不过，仔细瞧瞧金灯藤，大概也能猜得出来。

寄生植物对宿主的依赖性极强，有时金灯藤太过繁茂，宿主便可能不堪重负，从而枯萎。宿主一死，金灯藤也只有死路一条。宿主的养分不足了，金灯藤甚至会彼此缠绕，互相吞食起来。

植物只要有光、水和养分，便能活下去，可金灯藤不然，离了宿主它就活不成了。

金灯藤虽然寄生在其他植物身上，但日子过得并不安逸。能在同一地点，每年都旺盛生长的金灯藤很少，大多是繁盛一阵子，可隔年再看，却已不见踪影了。这期间的寄生生活想必就像走在刀尖上一般，每日都提心吊胆的。

容笔者重复一遍，自然界里并不存在"狡猾"这一概念，任何手段都是允许存在的。但是，**狡猾自私的做法却未必能得到理想的结果。**

自然界里不讲规则，无所谓道德，可出人意料的是，生物们互帮互助的情况反而不在少数。**彼此协作，共同求生，**也许这就是生物进化的最终答案。

金灯藤的启示

放弃"狡猾"的手段，探索"共赢"的方法。

叶片的广泛变异
是种"特性"

—— 黄鹌菜（菊科）

容易发生变异，是杂草的一大特征。

所谓变异，是指同种生物之间的差异，比如人类的身高有高矮之分，这就是变异。

长得高的原因通常有两个。一是遗传，父母和兄弟姐妹都是高个子，这属于家族基因遗传的结果；一是环境，遗传基因相同的双胞胎如果在不同环境中长大，其中一方经常运动，营养和睡眠都很充足，或许就能长得更高，这就是环境的影响，而不是遗传所致。

所以，决定个体性质的因素既有先天的"遗传"，也有后天的"环境"。

杂草的变异同样也会受到遗传和环境两方面的影响。遗传导致的变异称为"遗传变异"。与之相对的，环境导致的变异则称为"表型可塑性"。这两种变异对杂草的影响都很大，也就是说，不仅先天性质各不相同，不同环境也会导致个体出现巨大差异。

况且，杂草的生长环境大都极为动荡，为了适应多变的环境，杂草的变异就更频繁了。

"不整齐划一"才强大

黄鹌菜，是一种叶片呈玫瑰花结状分布在地面的杂草，但它的叶片往往会发生较大的变异。

因此，如果只看叶片，即使和植物百科上标准的黄鹌菜图片对照着看，也很难分辨。

不过，一旦开花，就能轻松认出来了。黄鹌菜的花几乎不会变异，都是黄色的，形状也一样。

不只黄鹌菜，杂草的花通常变异都较小。即使是叶子变异较大的植物，只需看看花，就能分辨它的种类了。因此，现在植物学对杂草的分类也越发注重花的特征了。

但是——

为什么花不怎么变异呢？

杂草之所以变异较大，是出于适应环境的需要。

对杂草而言，长得整齐划一是最危险的。如果所有杂草都变异成少数几种性质优越的类型，这无疑是最简单的做法，但问题是，环境永远在变。

形态、特征是否优越，由环境决定，也随环境而变。杂草如果只有少数几种类型，一旦无法适应环境，势必全军覆没。因此，只有在遗传上具备多样性，比如耐寒的，耐旱的，或者不易染病的，长得快的，不同特质的个体才能适应不同的环境，这样存活率才能提高。

不仅是杂草，在所有生物的生存和发展过程中，多样性都是至关重要的特质。

那黄鹌菜变异的叶子又有什么优势呢？它的叶子有边缘带锯齿的，也有不带锯齿的。边缘带锯齿的叶子除了锯齿部分外，只在叶脉周围留有叶体，而叶脉是用于输送水分的，这样的叶片形态无疑更为耐旱；不带锯齿的叶片形状圆滑，有利于提高光合作用的效率。

叶片带锯齿或不带锯齿，都各有其优势，因此，黄鹌菜才会选择保持多样性，长出各种形态的叶子。

可为什么花的变异却不太大呢？

在颜色和外观上，黄鹌菜的花是有最优选的，也就是我们常见到的那种。

黄鹌菜

有最优选，就朝最优选的方向进化；没有，就保持多样性，尝试多种可能，这就是生物的基本生存策略。

那我们人类呢？在人类的概念里，多样性或许可以理解为"个性"。

每个人都有两只眼睛，正常情况下，没有人会多一只或少一只，眼睛的数量不需要多样化，因为两只眼睛已经是最优选，嘴巴和耳朵的数量也是如此。

但是，我们每个人的长相都各不相同，能力和性格也千差万别，具有遗传上的多样性，这是为什么呢？

生物不会在无谓的事情上保持个性，能力或性格之所以千差万别，只因为那是适应环境所必需的。

黄鹤菜的启示

保持多样个性，适应多样环境。

后记

有多少种杂草，
就有多少种精彩绝伦的生存策略

　　杂草，就是"杂乱的草"。

　　"中国杂技团"中也有个"杂"字，当然，中国杂技团所表演的技艺不可能杂乱，而是极其精妙绝伦的。

　　"杂技"的意思是"多种技艺"，其他像杂志、杂学等带"杂"字的词汇，似乎也都透着点"繁多"的意思。

　　我们常说的"杂草"不过是个统称，实际上

包含了多种多样的植物。并且，每种杂草的生存策略都各不相同。

杂草总给人一种随处生长的印象，但实际上并非如此。如本书中所介绍的，每种杂草都有各自的生存策略，生长在适合自己的环境中。

比如，在常遭受踩踏的地方，就生长着擅长应对踩踏的杂草，它能把踩踏的危机化为良机，以便顺利繁衍后代；在常遭受除草的地方，则生长着擅长应对除草的杂草，它能利用人类的除草活动，成功实现繁殖。

有多少种杂草，就有多少种生存策略。

杂草，"繁杂的草"，种类不可计数，生存方式千奇百怪。

同一种杂草，换一种环境，生存方式截然不同。如何生存，往往取决于环境。

不止如此，除了自己求生，杂草们还不惜一切，努力繁衍后代，它们知道，成功的方法不止一种，生存方式从来没有绝对的标准。

杂草不愧是"繁杂的草"。

"杂"到底意味着什么呢？

杂，是不被归类；
杂，是难以定义；
杂，是不局限于常识或偏见；
杂，是改变；
杂，是新生。

我们无疑正处于一个"杂"乱的时代。

正如本书所阐述的，对杂草而言，面对不可预测的变化，不必忍耐，也无须克服，而应将其视为宝贵的机会。

当今时代，前路扑朔迷离，变幻莫测。

在这个时代，"杂"乱的力量将孕育出什么呢？

会有怎样光明的未来在等着我们呢？

杂草们的时代已经来临。

——本书作者　稻垣荣洋